Ichthyology: Laboratory Manual

鱼类学实验

吴仁协
梁镇邦
牛素芳　　等 / 编著
王学锋

厦门大学出版社
XIAMEN UNIVERSITY PRESS
国家一级出版社
全国百佳图书出版单位

图书在版编目（CIP）数据

鱼类学实验 / 吴仁协等编著. -- 厦门：厦门大学
出版社，2023.12
　　ISBN 978-7-5615-9304-2

　　Ⅰ．①鱼… Ⅱ．①吴… Ⅲ．①鱼类学-实验-教材
Ⅳ．①Q959.4-33

中国国家版本馆CIP数据核字(2023)第257434号

责任编辑	陈进才
美术编辑	蒋卓群
技术编辑	许克华

出版发行　厦门大学出版社

社　　　址	厦门市软件园二期望海路 39 号
邮政编码	361008
总　　　机	0592-2181111　0592-2181406(传真)
营销中心	0592-2184458　0592-2181365
网　　　址	http://www.xmupress.com
邮　　　箱	xmup@xmupress.com
印　　　刷	厦门集大印刷有限公司

开本	787 mm×1 092 mm　1/16
印张	13.5
插页	2
字数	338 千字
版次	2023 年 12 月第 1 版
印次	2023 年 12 月第 1 次印刷
定价	50.00 元

厦门大学出版社
微信二维码

厦门大学出版社
微博二维码

《鱼类学实验》编著者

吴仁协　梁镇邦　牛素芳　王学锋

刘　腾　谢恩义　叶　宁　初庆柱

内 容 简 介

　　本书是作者在多年的鱼类学教学和科研实践基础上，结合历年在中国近海采集的鱼类实验标本及国内外文献资料编著而成。本教材由实验指导守则、形态学实验、分类学实验、DNA 条形码分析、标本制作等 5 部分组成，共计 18 个实验，配有 439 张图片，其中有 388 张为作者拍摄的实物彩色照片。形态学实验包括外部形态观察与测量、骨骼系统及耳石的解剖、内部结构和主要器官观察等 6 个实验；分类学实验分为 10 个实验，涉及了 25 目 97 科 217 属 335 种常见的海洋鱼类的分类鉴定；另有 1 个 DNA 条形码分析实验和 1 个鱼类的标本制作实验。本教材可用作高等院校海洋渔业科学与技术、海洋生物学、水产养殖学、水生生物学等相关专业本科生和研究生鱼类学课程的实验教材用书，也可作为鱼类学基础研究或鱼类业余爱好者的参考用书。

　　鱼类是脊椎动物最为庞大的一个类群,世界现生鱼类多达 3 万种以上,分布极为广泛,资源量也非常大,是人类获取动物蛋白质和营养物质的主要来源之一。长期以来,鱼类学是国内高校渔业和水产学科的一门重要专业基础课。鱼类学又是一门实践性和应用性非常强的课程。除理论课教学外,还须通过实验课的学习和操作才能对理论知识形成客观、准确的认识和深刻的记忆,实现通过理论联系实际来系统掌握鱼类学的基础知识和基本原理。因此,鱼类学实验课是认识鱼类和从事鱼类科学研究不可或缺的基础性教学内容,具有与理论课同等重要的作用和学习环节。

　　经过近三十年的鱼类学研究发展和课程改革,国内各高校陆续出版了多本鱼类学实验教材,为鱼类学的实践教学、科研以及人才培养起到了积极的促进作用。当然,现有的鱼类学实验教材也存在一些问题,如教材内容的文字描述过多、与理论教材内容有较多的重复,图片使用不足或以黑白图片为主,形态学实验内容占比较多而分类学实验占比偏少,或是分类系统和部分重要类群的分类地位仍未得到及时修正,等等。即现有的一些鱼类学实验教材的内容更新明显滞后于渔业与水产学科的快速发展,还难以体现鱼类学研究发展的最新成果,不利于学生对鱼类学知识的更深入理解和掌握,其教学效果会有所影响。此外,近些年来,从事鱼类分类研究的队伍不断萎缩,出现明显的青黄不接现象,人才培养工作成效不显著,严重影响了鱼类分类学的研究进展,不利于保护我国丰富的鱼类资源及其多样性和保障渔业经济的可持续发展。

　　基于上述现状和认识,我们在多年的鱼类学教学和科研实践中,通过研讨、总结经验和收集实验标本,组织专业任课教师编写了《鱼类学实验》教材。本教材内容由实验指导守则、形态学实验、分类学实验、DNA 条形码分析、标本制作等 5 部分组成,共计 18 个实验,配有439 张图片,其中 388 张为本书作者拍摄的实物彩色照片。每个实验含有实验目的、实验材料和工具、实验方法、实验内容、作业与思考等 5 方面内容。形态学实验部分包括外部形态观察与测量、骨骼系统及耳石的解剖、内部结构和主要器官观察等 6 个实验。每个形态学实验除了介绍鱼类的形态观测和解剖操作外,还结合彩色图片对形态特征和分类性状进行详细说明,以提高学生对实验学习和操作的兴趣和接受度。分类学实验部分分为 10 个实验,涉及 25 目 97 科 217 属 335 种常见的海洋鱼类的分类鉴定。另有 1 个DNA 条形码分析实验和 1 个鱼类的标本制作实验。

　　本教材的鱼类分类系统主要参考 *Fishes of the World*（第 4 版）（Nelson，2006）、*Fishes of the World*（第 5 版）（Nelson 等，2016）、《日本产鱼类检索》（第 3 版）（中坊徹次，2013）、《中国海洋及河口鱼类系统检索》（伍汉霖和钟俊生，2021）、台湾鱼类资源库（邵广昭，2023）和《中国海洋生物名录》（刘瑞玉，2008）等权威分类学资料或数据库。本书编写综合了国内外海洋鱼类系统分类学研究资料和国际权威数据库记载（如 WoRMS、Eschmeyer's Catalog of Fishes、GBIF、FishBase），对中国已知海洋鱼类的分类阶元、部分复杂类群的分类地位进行了修订，对实验标本的物种有效学名进行了厘定，并重新编制了实验标本的物种检索表，体现了海洋鱼类相关研究的最新成果。此外，本教材将具有自主探索性的 DNA 条形码物种鉴别和鱼类标本制作引入实验教学环节，进一步丰富了实验内容和扩展了学生的视野，也促进了学生的创新意识和创作能力的培养。本书内容图文并茂，可增强对鱼类的感性认识和直观的教学效果，有利于学生的实际操作和学习。本教材主要供作高等院校海洋渔业科学与技术、海洋生物学、水产养殖学、水生生物学等相关专业本科生和研究生鱼类学课程的实验教材用书，也可作为鱼类学基础研究或鱼类业余爱好者的参考用书。

　　本教材的编写由广东海洋大学水产学院吴仁协副教授负责全面组织、总体编写和统稿，梁镇邦硕士、牛素芳副教授、谢恩义教授、王学锋教授、叶宁教授级高工、初庆柱高级实验师协助鱼类标本的采集和分类鉴定，刘腾研究实习员以及蒙杨鑫、曹文科、张键尧、赵婷婷、李斌、吴飞龙等同学协助鱼类标本的拍照、图片处理和文字录入。本书得到广东海洋大学规划教材建设项目"鱼类分类学实验"（PX-242023119）、国家自然科学基金面上项目"中国近海带鱼科鱼类分类与系统进化研究"（No. 31372532）和国家自然科学基金青年科学基金项目"中国金线鱼科鱼类分类、系统发育及动物地理学研究"（No. 41006084），广东省高等学校优秀青年教师培养计划项目"北部湾鱼类 DNA 条形码资源库构建"（No. Yq2013093），广东海洋大学海洋渔业科学与技术国家级一流本科专业建设点（教高厅函〔2021〕7 号），广东海洋大学水产科学与技术国家级实验教学示范中心建设项目（教高函〔2013〕10 号）的共同资助，才得以顺利完成和出版。由于作者学识水平和编写时间限制，书中难免有疏漏或不足之处，敬请读者给予批评指正。

编著者

2023 年 9 月于广东海洋大学

CONTENTS | 目 录

实验指导守则

一、实验操作须知

1. 学生须按时参加实验,不得无故缺席、迟到、早退。

2. 学生须做好实验前的预习准备,提前了解实验内容、实验目的、实验方法及相关注意事项。

3. 学生进入实验室应坐落有序、保持安静,听从指导教师安排,严格遵守实验室的各项管理规定。不得喧哗、打闹、饮食、吐痰、乱扔纸屑等,不得携带与实验无关的物品进入实验室,禁止将实验室物品私自带走。

4. 学生须认真学习实验安全知识教育,正确穿戴实验服、口罩、手套等安全防护物品,检查确认个人的安全防护措施。

5. 实验前,学生应仔细清点实验所需的仪器、器械、试剂等,发现设备损坏或试剂缺失等情况应及时报告指导教师。未经指导教师许可,不得随意使用、挪动实验设备和试剂,不得擅自摆弄与实验无关的仪器设备、耗材和试剂等。使用相关实验设备和试剂时,须做好实名登记,使用后应立即放回原位,禁止随意摆放。

6. 严格遵守实验操作规范,应持严谨、认真的态度开展实验。使用实验用具和试剂时要与人员保持足够的安全距离。

7. 实验过程中,学生若违反实验操作规范和规章制度,指导教师有权停止实验。发生意外或设备损坏、丢失时,学生要及时向指导教师报告。若因操作不当出现仪器损坏,学生应及时查找原因进行反省,必要时要提交检讨报告。

8. 实验操作过程中,学生应细心观察实验现象,如实记录实验数据和出现的问题。

9. 实验杂物(如废纸、废液、废弃物等)不得随意乱扔或倒入水槽,应放置于指定的垃圾箱或废液桶中,以免污染实验室环境。

10. 实验完成时,学生应及时检查仪器设备使用情况并做好登记,正确摆放仪器设备、试剂及桌椅,并做好实验室清洁卫生和水电安全检查,经指导教师确认后方可离开。

二、实验安全事项

1. 注意个人防护安全。进入实验室必须按规定穿戴好实验服,接触具有危害性、挥发性的有机溶剂或其他环保管制的化学药品时,必须戴好防护口罩、手套、眼镜等。

2. 注意用水用电安全。使用水电仪器时,要先检查管线是否破损、通畅,开关是否良好,须佩戴防水和绝缘手套按照安全规范操作。若发现水电仪器运行异常或管线损坏,应及时告知指导教师,不可擅自处理。

3.注意危化品使用安全。使用强酸、强碱、强挥发性、强氧化剂、强腐蚀性、易燃性、有毒等危化品时,要了解其药性和特性,遵照有关操作规范,勿擅自更改操作流程。领用时要经指导教师同意并登记,在特殊排烟柜或超净工作台上进行实验操作。使用危化品要防止其溅出或倾倒,避免与皮肤和眼睛接触。若意外沾上,应立即用清水快速冲洗,并及时告知指导教师进行处理或就医。

4.注意防火防毒。使用危化品时必须保持室内良好的通风条件,防止出现火情或人员中毒。易燃易爆试剂和药品应放置于专用保存柜中,切勿随意摆放。非实验操作需求,实验室内严禁使用明火、吸烟,违者必究。

5.注意环境卫生。实验器械工具用完后要及时擦洗干净,并存放于专储区。实验所用的有毒和有害的废液、废弃物应分类放置于专用储存容器,要清除实验台残留的试剂和药品。

6.注意室内封闭。实验结束后,应确保门窗关紧、水电关闭,以防止雨天漏水和有害动物对实验仪器及线路造成损坏。

三、实验物品准备

1.学生需准备的物品:实验教材,记录本,实验报告纸,专用绘图纸,素描用铅笔、橡皮、削笔刀,实验服,医用口罩,手套。

2.实验教学中心提供的物品:生物显微镜-体视解剖镜、放大镜,解剖盘,解剖器械一套(图0-1),胶头滴管,移液器,离心管,50～500 mL 烧杯、50～1000 mL 量筒,纱布、擦镜纸、吸水纸,NaOH、KOH、无水乙醇、37％甲醛溶液等生化及分子试剂,以及实验所需的鱼类标本和其他材料等。

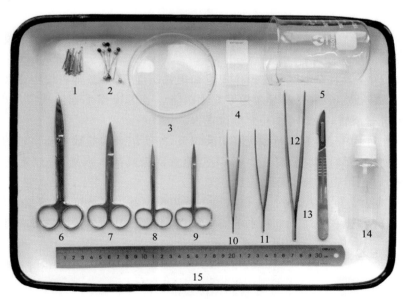

1.大头钉;2.圆头钉;3.培养皿;4.载玻片;5.烧杯;6.大直剪;7.中直剪;8.小直剪;
9.眼科剪;10.尖头镊;11.圆头镊;12.大镊子;13.解剖刀;14.酒精喷壶;15.直尺

图 0-1 鱼类学实验常用的解剖器械

四、实验内容注意事项

(一)外部形态观测

1. 测量全长、体长、叉长、肛长等数值时,其测量起点是吻部最前端,并非固定从上颌或下颌开始。

2. 测量鲨类、鳐类及其他异体型种类的外部形态性状时,应先观察鱼体特征和准确理解测量指标含义,而后再进行生物学测定。

3. 记录鳃耙数、鳍式、鳞式时,注意表述格式。

(二)内部器官解剖

1. 解剖剪从肛门稍前方开口并沿腹背部弧形剪切至鳃盖下方,保留肛门、泄殖腔的完整结构。开腹时,注意剪刀需紧贴腹腔内壁,避免划破肠道或胆囊。

2. 若腹腔内部脂肪组织较多,应先去除大部分脂肪,再进行内部器官剥离。

3. 腹腔、鳃盖、头部剪开后,需将眼球、脑、心脏、食管、胃、肝、肠、鳔、肾脏、性腺等主要内部器官完全分离出来。注意观察鳃盖内侧是否存在假鳃结构。

4. 解剖后要注意观察各系统不同器官的空间分布和形状,如嗅囊和眼球、脑和内耳、心室和心耳、鳃和鳔、消化道和消化腺、性腺和肾脏等。如性腺常因样品年龄小或不新鲜而不明显,硬骨鱼类胰腺常包埋在肝脏中,应先解剖消化系统后再仔细寻找。

(三)分类检索

1. 标本种类确定后,按照物种归属的分类单元和主要分类特征进行分类检索表的编制。

2. 常用检索表包括对选并靠、双歧括号、逐渐退格检索表,其基本规则为同一分类单元按主要分类性状设立对应分选项,并根据纲、目、科、属、种逐步递进和细化。

3. 检索表类型应根据物种数、分类单元亲缘关系等选择编制,必须确保每一对应分选项相关性明显、逻辑严谨、表述清晰。

(四)分子生物学操作

1. 分子生物学实验是一项复杂而精细的工作,要严格控制实验条件的一致性,严格按照实验说明和步骤进行,注意实验操作的精确性和细致性。

2. 操作时要保持实验环境干净、整洁,严防试剂污染或交叉感染,并做好个人安全防护措施。

3. 要根据实验过程中出现的情况,优化实验条件和进行必要的质检。

(五)标本制作

1. 标本制作所需的甲醛、乙醇试剂有一定刺激性和腐蚀性,使用时必须做好个人防护和保持室内通风。若制作过程中感到身体不适,应暂停操作并适当休息。

2. 标本固定前,注意标本体型摆正、各鳍伸展,尽量还原其原生状态。若标本体型较延长,可适当弯曲其身体,但不能弯折。

五、绘图注意事项

1. 严格按照生物绘图方法,外部形态和内部结构绘画要准确、到位,要体现真实感、层次感,不得出现专业性错误。

2.整体图面要求精简、整洁、美观,线条要纤细平滑,阴影描点要匀称、少涂改。

3.图画比例要恰当,绘图位置上下方要保留空位用于标注。

4.绘图排版要均匀,上下方间隔应一致。图注字体要统一楷书,标注线要用直线、少用弯折线,标注要排列整齐并保持水平。

5.绘图下方要标明比例尺和题注,并在相应位置标注标本各部位的专业名称。

六、实验报告撰写要求

1.使用实验报告纸撰写实验报告,并按时提交实验报告。实验的名称、时间及地点要写清楚,学生的班级、姓名、学号、组别等信息要写全。

2.实验报告须用钢笔或圆珠笔书写,统一楷体,尽量少涂改,并标注页码。

3.要根据实际实验内容和过程来撰写实验报告,要有条理性和逻辑性,描述实验现象和结果要体现客观性、专业性、科学性,并有一定的实验总结和讨论。

4.实验报告排版应简洁明了、重点突出,并根据实验要求完成思考题的解答。

实验 1

外部形态观察与测量

一、实验目的

1. 通过对各种不同体型鱼类的外部形态观察,了解鱼类外部形态结构特征及其功能。

2. 掌握不同体型鱼类外部形态的测量指标,熟悉鱼类外部形态术语的含义,以及描述形态特征的基本方法。

二、实验材料和工具

1. 宽尾斜齿鲨 *Scoliodon laticaudus*、何氏鳐 *Okamejei hollandi*、黑棘鲷 *Acanthopagrus schlegelii*、南海带鱼 *Trichiurus nanhaiensis* 等鱼类浸制标本。

2. 解剖盘,测量板,镊子,分规、刻度尺、游标卡尺,测量记录表。

三、实验方法

1. 将各种鱼类标本平展放置于解剖盘中,观察其体型、躯体各部、头部器官、鳍、鳞片、鳃耙等特征,并对外部形态特征进行比较和详细记录。

2. 在准确辨认鱼类外部形态测量指标的基础上,将实验鱼标本置于测量板上,用镊子和测量尺(刻度尺、游标卡尺、分规)对其可数性状和可量性状进行测量和记录。

四、实验内容

(一)外部形态特征观察

1. 宽尾斜齿鲨 *S. laticaudus*、何氏鳐 *O. hollandi*:体型是纺锤型还是侧扁型?头部、躯干部和尾部如何区分?口位于头部何处?形状又是如何?上下颌有无齿?口角是否有唇褶或唇沟?眼、鼻孔、喷水孔的位置顺序以及彼此的关联性?眼是否有瞬膜或瞬褶?鳃裂的位置和数目?胸鳍的形状(有何特别之处)?胸鳍前缘是否游离?背鳍、腹鳍的形状和位置?有无臀鳍?尾鳍形状和类型?

2. 黑棘鲷 *A. schlegelii*、南海带鱼 *T. nanhaiensis*:体型是侧扁型还是带型?头部、躯干部和尾部如何界定?头部有无鳞片?口的类型?吻的形状?上下颌齿的形状和行数,以及有无犬牙?眼、鼻孔的位置?鳃盖骨及鳃孔形状?侧线走向及其长度?背鳍鳍棘和鳍条的发达程度、基底长度?有无腹鳍、尾鳍?臀鳍发达或退化?尾部有何特化?

(二)可数性状测量

1. 鳍式：鱼类鳍的组成和鳍条数目的记录即是鳍式。鳍式是硬骨鱼类分类学研究的主要依据之一。软骨鱼类鳍条为不分支、不分节的角质鳍条，不适合记录鳍式，但鳍的组成和形状可作为软骨鱼类的分类依据。通常用 D. 代表背鳍（Dorsal fin），A. 代表臀鳍（Anal fin），C. 代表尾鳍（Caudal fin），P. 代表胸鳍（Pectoral fin），V. 代表腹鳍（Ventral fin）。记录鳍式时，鳍棘数目以大写罗马数字表示，鳍条数以阿拉伯数字表示，小鳍数以小写罗马数字表示；鳍棘与鳍条相连用"—"表示，二者分离用"，"表示；鳍棘和鳍条数范围用"～"表示。如中国花鲈 *Lateolabrax maculatus* 的鳍式为：D. Ⅻ，Ⅰ—13；A. Ⅲ—7～8；C. 17；P. 16～18；V. Ⅰ—5。该鳍式表示中国花鲈第一背鳍鳍棘12，第二背鳍鳍棘1、鳍条13；臀鳍鳍棘3、鳍条7～8；尾鳍鳍条17；胸鳍鳍条16～18；腹鳍鳍棘1、鳍条5。

（1）背鳍（D.）：常位于鱼体背部中间。软骨鱼纲的鲨类多有第二背鳍，鳐类背鳍退化至尾部后端，魟类由尾刺取代了背鳍。硬骨鱼类的背鳍由鳍棘和鳍条组成，一般用鳍式表达。

（2）臀鳍（A.）：位于鱼体腹面正中的肛门与尾鳍之间。软骨鱼纲的角鲨目、锯鲨目、扁鲨目和鳐类无臀鳍，而其他鲨类都有与背鳍相似的臀鳍。硬骨鱼类一般臀鳍明显，其形状与背鳍相似，鳍式表达同背鳍。

（3）尾鳍（C.）：位于鱼体尾部，由软条组成。软骨鱼纲的鲨类尾鳍上、下叶不对称，为歪型尾；鳐类尾鳍退化，魟类尾鳍消失。硬骨鱼类一般具尾鳍，多为正型尾，也有圆形、截形、微凹形、叉形、新月形、矛形等。

（4）胸鳍（P.）：一般位于头部后方的鳃孔或鳃盖孔附近。软骨鱼类的胸鳍很发达，有些种类特化为头鳍或吻鳍。硬骨鱼类胸鳍较小，多由鳍条组成，少数种类有鳍棘。

（5）腹鳍（V.）：位于鱼体腹侧。软骨鱼类雄鱼腹鳍内侧有一对鳍脚，为交配器官。硬骨鱼类除鳗鲡目等少数种类外，均具腹鳍。

2. 鳞式：鳞式是硬骨鱼类分类的一种特征依据，包括两种记录方式。有侧线鱼类的鳞式是将其侧线鳞、侧线上鳞、侧线下鳞的数目按一定格式记录，而对于无侧线鱼类的鳞式则用纵列鳞数和横列鳞数来表示。如小黄鱼 *Larimichthys polyactis* 鳞式为 $60\sim63\dfrac{5\sim6}{9}$，表示其侧线鳞有 60～63 枚，侧线上鳞有 5～6 枚，侧线下鳞有 9 枚。斑鰶 *Konosirus punctatus* 的纵列鳞有 48 枚、横列鳞有 18 枚。

（1）侧线鳞：自头后起沿至尾鳍中部基底可侧线上分布的鳞片。

（2）侧线上鳞：侧线至背鳍起点间的鳞片。

（3）侧线下鳞：侧线至臀鳍或腹鳍起点间的鳞片。

（4）纵列鳞：从鳃盖后至尾鳍基部的体侧中轴处纵列鳞片。

（5）横列鳞：从背鳍起点至腹部的体侧正中部横列鳞片。

3. 鳃耙数：通常记录鱼类右侧第一鳃弓的外鳃耙数，可分为上鳃耙和下鳃耙。如小黄鱼 *L. polyactis* 鳃耙数为 10＋12～19，表示上鳃耙有 10 个、下鳃耙有 12～19 个。

(三)软骨鱼类可量性状测量

1. 鲨形总目（图 1-1）

全长：头的最前端至尾鳍末端的长度。

体长：头的最前端至最后椎骨末端的长度。

头长：头的最前端至最后一个鳃裂的长度。

躯干长：最后一个鳃裂至泄殖孔后缘的长度。

尾长：泄殖孔后缘至尾鳍末端的长度。

尾鳍长：尾鳍最前端至尾鳍末端的长度。

吻长：头的最前端至眼前缘的长度。

口前吻长：头的最前端至上颌前缘的长度。

眼径：水平方向上的眼前、后缘的距离。

眼后头长：眼后缘至最后一个鳃裂的长度。

体高：鱼体躯干部最高处的垂直高度。

背鳍高：第一背鳍最高处到背鳍基的垂直高度。

尾柄长：臀鳍基部后缘到尾鳍基部的直线长度。

尾柄高：臀鳍和尾鳍间最狭处的垂直高度。

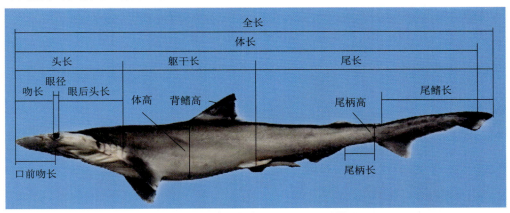

图 1-1 宽尾斜齿鲨 *S. laticaudus*（侧视）

2.鳐形总目（图 1-2、图 1-3）

全长：头的最前端至尾鳍末端的长度。

体长：头的最前端至最后椎骨末端的长度。

体盘长：吻端至胸鳍基部末端的长度。

体盘宽：左右胸鳍最宽处的直线长度。

头长：头的最前端至最后一个鳃裂的长度。

躯干长：最后一个鳃裂至泄殖孔后缘的长度。

尾长：泄殖孔后缘至尾鳍末端的长度。

吻长：头的最前端至眼前缘的长度。

口前吻长：头的最前端至上颌前缘的长度。

眼径：水平方向上的眼前、后缘的距离。

眼间距：两眼在头背部的最短距离。

喷水孔间距：两喷水孔之间最短距离。

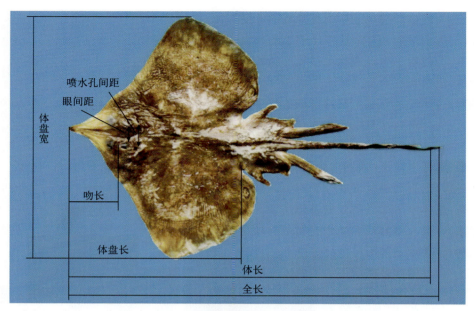

图 1-2　何氏鳐 **O. hollandi**(背视)

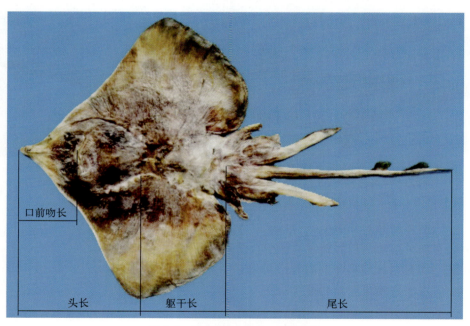

图 1-3　何氏鳐 **O. hollandi**(腹视)

(四)硬骨鱼类可量性状测量

1. 鲷科(图 1-4)

全长：头的最前端至尾鳍末端的直线长度。

体长：头的最前端至尾鳍基部的长度。

体高：鱼体躯干部最高处的垂直长度。

叉长:头的最前端至尾叉凹底部的长度。

头长:头的最前端至鳃盖后缘的长度。

躯干长:鳃盖后缘至泄殖孔后缘的长度。

尾长:泄殖孔后缘至尾鳍基部的长度。

吻长:头的最前端至眼前缘的长度。

眼径:水平方向上的眼前、后缘的距离。

眼后头长:眼后缘至鳃盖骨后缘的长度。

尾柄长:臀鳍基底后缘到尾鳍基部的直线距离。

尾柄高:臀鳍和尾鳍间最狭处的垂直高度。

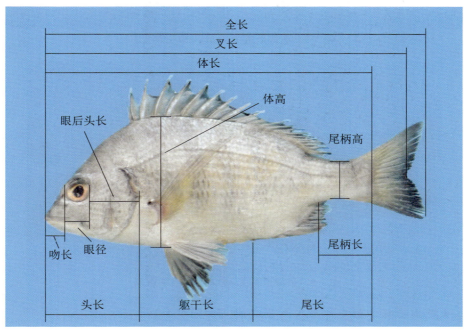

图 1-4　黑棘鲷 *A. schlegelii*(侧视)

2.带鱼科(图 1-5、图 1-6)

全长:头的最前端至尾鳍末端的直线长度。

尾柄前长:上颌前端至背鳍末端的长度。

肛长:上颌前端至肛门前缘的长度。

头长:上颌前端至鳃盖后缘的长度。

吻长:上颌前端至眼前缘的长度。

上颌长:上颌前端至口角的长度。

眼径:水平方向上的眼前、后缘的距离。

前鳃盖骨长:眼后缘至前鳃盖骨后缘的长度。

眼后头长:眼后缘至主鳃盖骨后缘。

背鳍前长:上枕骨崤末端至背鳍起点的长度。

背鳍基长:背鳍起点至最后背鳍鳍条的长度。

最后胸鳍鳍条长:最后胸鳍鳍条的长度。

尾柄长:背鳍末端至尾末端的长度。

尾柄高:背鳍末端处尾柄的垂直高度。

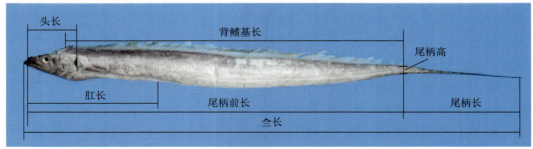

图 1-5　南海带鱼 *T. nanhaiensis*(侧视)

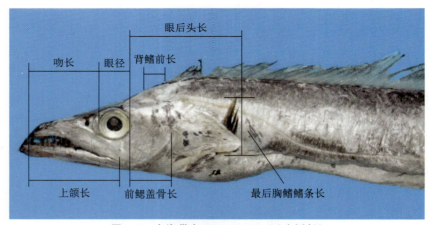

图 1-6　南海带鱼 *T. nanhaiensis*(头侧部)

(五)4 种鱼类标本的外部形态测量数据(示例,表 1-1)

表 1-1　4 种鱼类标本的外部形态测量数据

测量指标	宽尾斜齿鲨 S. laticaudus(n=3)	何氏鳐 O. hollandi(n=3)	黑棘鲷 A. schlegelii(n=3)	南海带鱼 T. nanhaiensis(n=3)
可数性状(条/枚)				
背鳍鳍棘和鳍条数	—	—	D. XI—11	D. 132~139
胸鳍鳍棘和鳍条数	—	—	P. 15	P. 11
腹鳍鳍棘和鳍条数	—	—	V. I—5	—
臀鳍鳍棘和鳍条数	—	—	A. III—8	A. 103~111
肛门前背鳍条数	—	—	—	39~40
侧线上鳞数	—	—	5.5	—
纵列鳞数	—	—	36~53	—
可量性状(cm)				
全长	30.90~36.22	38.35~41.20	19.54~20.95	71.00~82.35
体长	29.90~33.75	38.30~41.10	16.35~18.00	—

测量指标	宽尾斜齿鲨 *S. laticaudus* (n=3)	何氏鳐 *O. hollandi* (n=3)	黑棘鲷 *A. schlegelii* (n=3)	南海带鱼 *T. nanhaiensis* (n=3)
体高	3.35～5.20	—	6.55～8.30	—
叉长	—	—	18.70～20.25	—
肛长	—	—	—	22.40～27.51
头长	7.45～8.81	11.90～12.10	5.25～5.30	8.15～11.10
躯干长	7.25～9.52	6.45～7.21	5.15～6.60	—
尾长	15.30～18.65	20.12～22.10	8.80～9.95	—
体盘长	—	16.81～19.10	—	—
体盘宽	—	25.35～27.75	—	—
吻长	3.20～3.80	4.40～5.65	1.65～1.85	3.35～4.60
口前吻长	3.00～3.20	4.60～5.55	—	—
上颌长	—	—	—	3.15～3.35
眼径	0.55～0.60	0.90～0.95	1.20～1.25	1.30～1.45
眼后头长	4.00～4.55	—	2.45～2.60	4.25～5.48
前鳃盖骨长	—	—	—	1.25～3.25
眼间距	—	3.40～3.55	—	—
喷水孔间距	—	2.21～2.35	—	—
背鳍前长	—	—	—	0.60～1.25
背鳍基长	2.55～3.25	—	—	52.40～55.20
背鳍高	1.90～2.59	—	—	—
胸鳍长	—	—	—	2.45～3.35
尾柄长	2.34～2.62	—	3.20～3.55	13.35～21.10
尾柄高	1.32～1.65	—	2.15～2.30	0.55～1.48
尾鳍长	7.48～8.91	—	—	—

五、作业与思考

1. 绘制实验鱼类的外形图，描述主要分类特征。
2. 标注实验鱼类的外部测量指标和列出所测的各项数据。
3. 试述鱼类体型的变迁过程以及体型与其栖息环境及生态习性的相关性。
4. 试述鱼类头部器官构造与生活习性的适应性关系。
5. 试述鱼类各鳍对其行为的作用和在分类中的地位。
6. 比较软骨鱼类与硬骨鱼类外部形态特征和测量指标的差异。

实验 2

骨骼系统的解剖与比较

一、实验目的

1.熟悉鱼类骨骼系统的常规解剖技能和剥制方法。

2.通过观察与比较,了解鱼类骨骼系统特征,掌握各部分骨骼的名称、性状、位置以及结构与功能。

二、实验材料和工具

1.尼罗罗非鱼 *Oreochromis niloticus* 和黑棘鲷 *A. schlegelii* 的成鱼新鲜标本。

2.电磁炉、锅,解剖盘,解剖剪、解剖刀,镊子,烧杯,离心管,无菌手套,纱布,NaOH。

三、实验方法

1.使用解剖剪剪去肛门处到腹鳍的腹部肌肉,并去除腹腔内脏器官,注意不要损坏腹鳍骨骼。

2.使用解剖刀从鱼体背鳍基部开口,切除背侧大块肌肉,注意不要损坏肋骨。

3.用纱布包裹已切除肌肉的鱼体(防止易脱落或小块的外层骨骼丢失),放入沸水锅煮 1~5 min(视鱼体大小),然后捞出鱼体放至解剖盘上。

4.先用尖头镊子小心取出眼围眶骨与鼻骨,然后从吻部向后逐渐剥离出咽颅骨骼和胸鳍、腹鳍、背鳍、臀鳍等附肢骨骼,最后用解剖刀取脑颅和脊柱。

5.将剥离的骨骼分区块放入装有 5%~10% NaOH 溶液的烧杯或离心管中,浸泡 6 h 左右,以去除残余的细肉、结缔组织和油脂。最后清洗骨骼,从眼眶下的副蝶骨处小心拆解脑颅。

6.将拆开的骨片按骨骼系统分区依次有序排列,进行细致观察和比较。

四、实验内容

硬骨鱼类的内骨骼分为主轴骨骼和附肢骨骼。主轴骨骼包括头骨(脑颅和咽颅)、脊柱、肋骨和肋间骨;附肢骨骼包括肩带、腰带和各鳍的支鳍骨。

(一)头骨

1.脑颅:可分为嗅区、眼区、耳区、枕区。

(1)嗅区:由围绕鼻囊周围的鼻骨、犁骨、前筛骨、中筛骨、侧筛骨等组成(图 2-1、图 2-2)。

鼻骨:1 对,呈片状或棒状,位于中筛骨基部两侧,内侧与中筛骨相接。

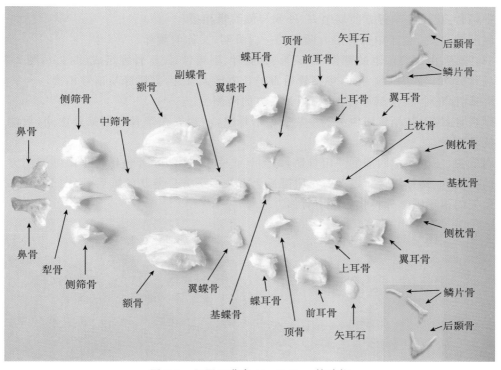

图 2-1　尼罗罗非鱼 *O. niloticus* 的脑颅

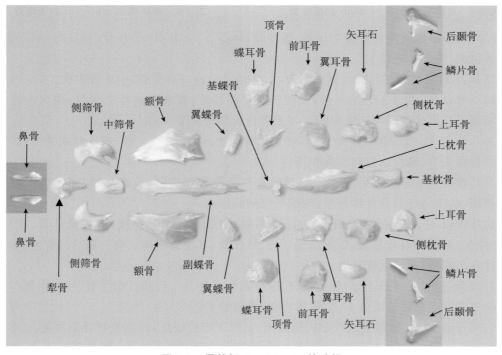

图 2-2　黑棘鲷 *A. schlegelii* 的脑颅

犁骨：位于脑颅腹面前端中央，紧贴于中筛骨腹面。

中筛骨：位于脑颅背方前端中央，外侧与侧筛骨相接。

侧筛骨：1 对，位于中筛骨后方两侧的一对骨骼，又称前额骨。

（2）眼区：由围绕眼眶的额骨、眶蝶骨、翼蝶骨、副蝶骨、围眶骨等组成（图 2-1、图 2-2）。

额骨：1 对，位于脑颅背面，中筛骨后方的长方形大骨片，其后缘与顶骨相接。

翼蝶骨：1 对，位于脑颅腹面，眶蝶骨后方的两侧。

副蝶骨：位于脑颅腹面中央的一块长条形骨骼，前端嵌在犁骨与侧筛骨之间，后端紧贴在基枕骨腹面。

围眶骨：位于眼球四周的一组骨骼，每侧具 5～6 块。围眶骨包括位于眼眶下前方呈长方形的眶前骨（又称泪骨），以及位于眼眶后上方及后下方呈薄状的眶后骨（图 2-3、图 2-4）。有些鱼类的第三围眶骨特化为眶下骨架。

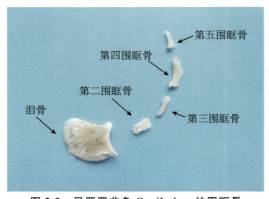

图 2-3 尼罗罗非鱼 O. niloticus 的围眶骨

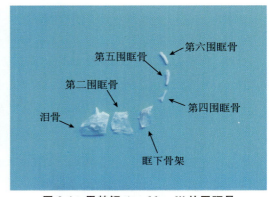

图 2-4 黑棘鲷 A. schlegelii 的围眶骨

（3）耳区：由围绕内耳周围的顶骨、蝶耳骨、翼耳骨、上耳骨、前耳骨、后耳骨、鳞片骨、后颞骨等组成（图 2-1、图 2-2）。

顶骨：1 对，位于脑颅背面，额骨后方、上耳骨之前的一对骨骼，中央有尖突。

蝶耳骨：1 对，位于额骨后外侧，后背侧覆有翼耳骨，腹面与前耳骨相接，前腹内缘与翼蝶骨相接。其后缘腹侧有一纵行凹面与舌额骨前端相关节。

翼耳骨：1 对，位于顶骨外侧、前耳骨和后耳骨上方，前缘与额骨、蝶耳骨相关节，后背缘与鳞片骨相关节，前腹缘与前耳骨相接。

上耳骨：1 对，位于顶骨后方，外侧与鳞片骨及翼耳骨相接，前缘与顶骨相接，内侧与上枕骨相接，后缘与外枕骨背缘相接，构成耳腔的后顶壁。

前耳骨：1 对，位于脑颅腹面、顶骨前方两侧，前缘与翼蝶骨相接，上接蝶耳骨、翼耳骨，腹面突起与副蝶骨后背相接，后方与后耳骨、外枕骨、基枕骨相接。有一向后的背突起，与前耳骨背突起相接，并靠近翼耳骨。

后颞骨：位于肩带最上方，其前端分叉，分别与上耳骨与后耳骨相关节，中部内侧与上匙骨前端相连。后颞骨前面有 1～2 块鳞片骨，多呈管状。

矢耳石：1 对，呈卵圆形或叶形的硬质结构，位于颅腔底壁，剥离基枕骨后可见。

（4）枕区：由包围在脑颅后端枕骨大孔周围的上枕骨、外枕骨（侧枕骨）、基枕骨组成（图 2-1、图 2-2）。

上枕骨：位于脑颅背后端中央，前缘与顶骨相接，两侧与上耳骨相接，背中央有一纵向隆起枕骨嵴，中部两侧具翼状侧突。

外枕骨（侧枕骨）：位于脑颅后部，上枕骨、上耳骨和后耳骨的下方，下接基枕骨，左右外枕骨腹面相接合成一大枕孔，枕孔后端两侧的髁骨与第一脊椎骨的前关节突相接。

基枕骨：位于脑颅后端腹面，前接前耳骨、副蝶骨，上侧为外枕骨所覆盖，腹面具骨质底盘。

2. 咽颅：位于脑颅之下，环绕消化道前端两侧，由左右对称且分节的咽弓组成，包括颌弓、舌弓、鳃弓、鳃盖骨系等 4 部分骨骼。

（1）颌弓：由支撑上颌和下颌的骨骼组成。

上颌区包括前颌骨、上颌骨、腭骨、前翼骨、中翼骨、后翼骨、方骨等 7 对骨骼（图 2-5、图 2-6）。

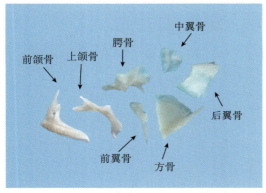

图 2-5　尼罗罗非鱼 *O. niloticus* 的上颌

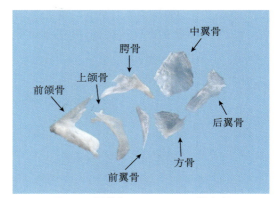

图 2-6　黑棘鲷 *A. schlegelii* 的上颌

前颌骨：1 对，位于上颌骨之前，为"厂"形膜骨，形成上颌前缘。前颌骨具锥形牙齿，其后缘与上颌骨的腹端突起相关节，背中央后方突起与前筛骨相接。

上颌骨：1 对，位于前颌骨后方、腭骨之前，腹端与下颌的齿骨后端相接。

腭骨：1 对，位于犁骨前方两侧的长形骨骼，内侧面与犁骨前端两侧相关节，后端与中翼骨相关节。

前翼骨：1 对，位于腭骨后下方，呈细长弧形，紧贴方骨前缘，其后背缘与中翼骨相接。

中翼骨：1 对，位于眼眶内侧的梯形薄骨片，前缘与腭骨后突起相关节，背缘与副蝶骨腹外侧相邻，腹缘与前翼骨、方骨相关节，后缘与后翼骨相接。

后翼骨：1 对，位于中翼骨后方的扁平薄状骨片，背后缘与舌颌骨相接，腹缘与方骨、续骨相接。

方骨：1 对，位于前翼骨的后方、中翼骨及后翼骨的下方、关节骨的上方，呈三角形。方骨的腹后方突起与续骨相嵌合，前腹端有一鞍状关节突。

下颌区由齿骨、关节骨、隅骨组成（图 2-7、图 2-8）。

齿骨：1 对，位于下颌最前端，后部分叉，组成口腔下缘。齿骨具牙齿，其后背突起与上颌骨相连，背腹叉之间嵌有关节骨，部分种类有细棒状米克尔氏软骨。

关节骨：1 对，位于齿骨之后、上颌骨及方骨之下，其前端嵌于齿骨后部背腹叉之间，后腹端与隅骨愈合。

隅骨:1 对,位于关节骨后方的颗粒状小骨。

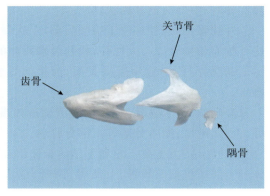

图 2-7　尼罗罗非鱼 *O. niloticus* 的下颌 　　　　图 2-8　黑棘鲷 *A. schlegelii* 的下颌

(2)舌弓:指支持口腔底部,并连接颌弓和脑颅的 8 种骨骼(图 2-9、图 2-10)。

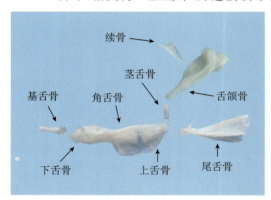

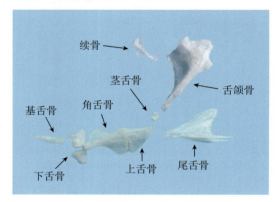

图 2-9　尼罗罗非鱼 *O. niloticus* 的舌弓 　　　　图 2-10　黑棘鲷 *A. schlegelii* 的舌弓

基舌骨:1 块,位于口腔底部、舌弓最前端腹面中央突出的长扁状骨骼,构成鱼类的舌。基舌骨与下舌骨和中央基鳃骨相接。

下舌骨:2 对,位于基舌骨后下方,后端(外侧)与角舌骨相关节,腹面中央与尾舌骨相接。

角舌骨:1 对,为前接下舌骨、后连上舌骨的长扁形骨片,腹外侧附有鳃条骨。

上舌骨:1 对,位于角舌骨后方、茎舌骨腹面,呈扁平三角形骨,腹外侧附有鳃条骨。

茎舌骨(间舌骨):1 对,位于前鳃盖骨内侧面,上舌骨和舌颌骨之间的圆柱状骨。

舌颌骨:1 对,位于头骨中后部侧面,形似斧头。其背缘与蝶耳骨、前耳骨、翼耳骨相关节,后缘紧贴前鳃盖骨,腹端与后翼骨、续骨、茎舌骨相接。舌颌骨起着维系脑颅与咽颅的重要作用。

续骨(缝合骨):1 对,细棒状骨骼,前端插入方骨后方突起背缘,背方与后翼骨相接,借此骨缝连着后翼骨和方骨,故又称缝合骨。续骨后端内侧与茎舌骨和舌颌骨相接。

尾舌骨:1 块,位于下舌骨下方,背端由韧带连着基鳃骨。尾舌骨形似铡刀,背中央有隆起颇高的纵脊,腹中央亦稍凹入。

（3）鳃弓：围绕口咽腔的后部，在口腔腹面正中从下至上依次由基鳃骨、下鳃骨、角鳃骨、上鳃骨、咽鳃骨以及下咽骨和上咽骨所组成，为支持鳃和鳃间骨的骨骼（图 2-11、图 2-12）。

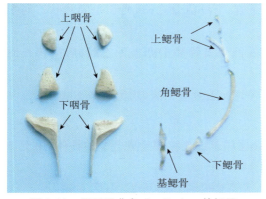

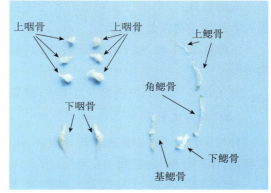

图 2-11　尼罗罗非鱼 O. niloticus 的鳃弓　　　**图 2-12　黑棘鲷 A. schlegelii 的鳃弓**

基鳃骨：3～4 块，位于基舌骨后方、鳃弧中央，排成一列，上接下鳃骨。

下鳃骨：3 对，下接基鳃骨、上接角鳃骨，前 2 对下鳃骨为长条状，第 3 对下鳃骨为短块状。

角鳃骨：4 对，下接下鳃骨、上接上鳃骨，为长条弧形骨。前 3 对角鳃骨均对接于下鳃骨，第 4 对角鳃骨与基鳃骨直接相连。

上鳃骨：4 对，下接角鳃骨、上接咽鳃骨，为长条形骨。上鳃骨和角鳃骨呈"＞"形连接，其连接处下方的角鳃骨和下鳃骨组成鳃弓下枝，连接处上方的上鳃骨和咽鳃骨组成鳃弓上枝。

咽鳃骨：4 对，下接上鳃骨、上接脑颅后部下方。第 1 对呈细棒状，第 2～4 对形状各异，腹面具绒毛状细齿，但不同种类的咽鳃骨数目和形状变化明显。

上咽骨：1 对，为第 2、3、4 对咽鳃骨愈合扩展而成，背面具细齿。

下咽骨：1 对，为第五鳃弓的角鳃骨演变成的长三角形骨，背面具细齿。

（4）鳃盖骨系：由前鳃盖骨、主鳃盖骨、间鳃盖骨、下鳃盖骨和鳃条骨组成，覆盖于鳃弓外面（图 2-13、图 2-14）。

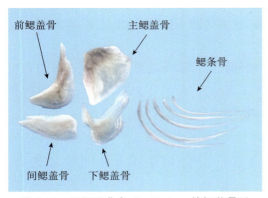

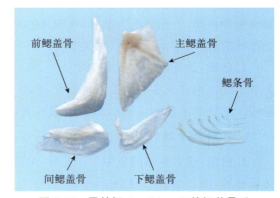

图 2-13　尼罗罗非鱼 O. niloticus 的鳃盖骨系　　　**图 2-14　黑棘鲷 A. schlegelii 的鳃盖骨系**

前鳃盖骨：1 对，位于舌颌骨外侧、主鳃盖骨前方，呈镰刀形。其弯曲部外侧面有一弧形突起，前缘与舌颌骨、续骨、茎舌骨、方骨相接，腹缘覆盖在间鳃盖骨外侧面。

主鳃盖骨:1 对,位于前鳃盖骨后方,呈近弟形或三角形。其前背缘有圆形的凹窝与舌颌骨后端突起相关节,腹缘覆盖下鳃盖骨,前下缘接间鳃盖骨。

间鳃盖骨:1 对,位于前鳃盖骨和主鳃盖骨间下方、下鳃盖骨之前,为长条膜片状。间鳃盖骨大部为前鳃盖骨所覆盖。

下鳃盖骨:1 对,位于主鳃盖骨腹缘,前端嵌在间鳃盖骨和主鳃盖骨之间,后端狭长而尖突。

鳃条骨:5～7 对,位于鳃盖骨下方,附着于角舌骨和上舌骨下缘,均为长条形骨。

(二)脊柱及肋骨

脊柱由数目不等的躯椎和尾椎组成,从头后至尾鳍基部连续相连成分节的柱体,用于支持身体,保护脊髓、内脏和主要血管(图 2-15、图 2-16)。

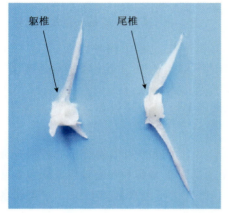
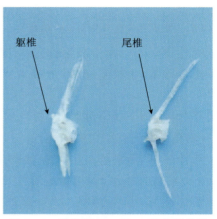

图 2-15　尼罗罗非鱼 *O. niloticus* 的脊椎骨　　图 2-16　黑棘鲷 *A. schlegelii* 的脊椎骨

1. 躯椎:即躯干部的椎体,每个躯椎从上至下由髓棘、髓弓、椎体、椎体横突和肋骨相关节组成。椎体为两面凹椎体,上部依次为髓弓(包围椎管)和髓棘,下方依次为椎体横突和肋骨。每个椎体前部上下方有 2 个前关节突,后部上下方有 2 个后关节突。

2. 尾椎:即尾部的椎体,每个尾椎从上至下由髓棘、髓弓、椎体、脉弓和脉棘组成。椎体为两面凹椎体,上部依次为髓弓(包围椎管)和髓棘,下方依次为脉弓(包围脉管)和脉棘。每个椎体前部、后部也具有前、后关节突。

3. 肋骨:肋骨连接在躯椎的横突上,可分为背肋和腹肋。肋骨基部仅有一关节与椎骨相关节。圆口纲和全头亚纲银鲛无肋骨,硬骨鱼类大多有肋骨,鲈形目少数鱼类同时具背肋和腹肋。尼罗罗非鱼 *O. niloticus* 具有肌间骨,黑棘鲷 *A. schlegelii* 没有。

(三)附肢骨骼

1. 肩带:硬骨鱼类的肩带附于头骨,肩带由背至腹分化成上匙骨、匙骨、后匙骨、肩胛骨、乌喙骨等(图 2-17、图 2-18)。

上匙骨:位于后颞骨的后下方,前后端稍尖,呈棒状。其后端覆盖在匙骨上端。

匙骨:位于上匙骨下方,为肩带中最大的一块骨骼,弯曲成弓状。其背上方呈尖形突起,外侧面部分为上匙骨所遮盖,后缘内侧附有后匙骨和肩胛骨,腹缘与乌喙骨相接。

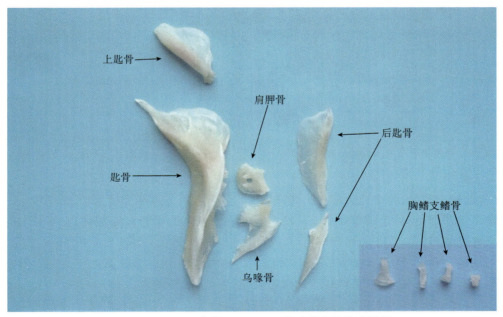

图 2-17 尼罗罗非鱼 *O. niloticus* 的肩带和胸鳍支鳍骨

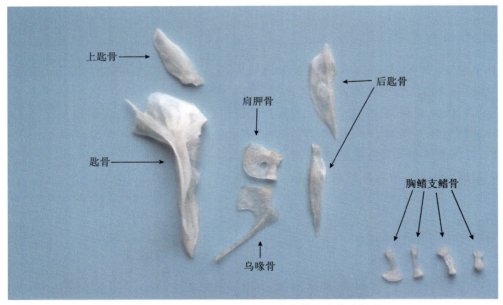

图 2-18 黑棘鲷 *A. schlegelii* 的肩带和胸鳍支鳍骨

后匙骨:位于匙骨后缘内侧面,由 2 块骨骼组成,上方一块略扁平,下方一块略呈剑状。

肩胛骨:位于匙骨后缘内侧,为一中央有洞孔的方形薄片。其前缘与中后匙相关节,腹缘与乌喙骨相接。

乌喙骨:位于匙骨腹缘,呈鸟嘴状或菜刀形。其后背缘与肩胛骨、后匙骨相关节,前背缘与匙骨相关节。

2. 腰带:位于腹鳍前方,前部较宽,前端叉形,后部为细棒状,位于两腹鳍中间(图 2-19、

图 2-20)。硬骨鱼类的腰带称无名骨(仅 1 块)。

图 2-19 尼罗罗非鱼 *O. niloticus* 的无名骨　　　　　**图 2-20** 黑棘鲷 *A. schlegelii* 的无名骨

3. 支鳍骨

(1)偶鳍支鳍骨:为支持胸鳍和腹鳍的骨骼。软骨鱼类的胸鳍有鳍基骨、支鳍骨,硬骨鱼类的胸鳍鳍基骨消失、支鳍骨减少至 5 枚左右。软骨鱼类的腹鳍有鳍基骨、支鳍骨,其雄性有由支鳍骨和鳍条演变成的鳍脚;硬骨鱼类的腹鳍鳍基骨消失,支鳍骨减少为 1 对。尼罗罗非鱼 *O. niloticus* 和黑棘鲷 *A. schlegelii* 的胸鳍支鳍骨为 4 对位于肩带内侧面的弧形小骨,背外侧与肩胛骨相关节,腹缘与乌喙骨相关节(图 2-17、图 2-18)。

(2)奇鳍支鳍骨:为支持背鳍、臀鳍和尾鳍的骨骼。其中,背鳍和臀鳍的支鳍骨有 2～4 列;尾鳍支鳍骨按脊椎骨末端的位置及尾鳍分叶对称与否,可分为原型尾、歪型尾、正尾型等 3 类。

五、作业与思考

1. 把尼罗罗非鱼 *O. niloticus* 和黑棘鲷 *A. schlegelii* 所解剖的各种骨骼按分区贴在纸上,并标出各骨骼的名称和所属位置。

2. 比较两种实验鱼类骨骼系统的异同点,尤其是脑颅和咽颅的骨骼结构差异。

3. 观察两种实验鱼类的骨骼标本,结合二者骨骼系统间的差异,探讨两种鱼的脑颅、肩带、腰带位置的区别及其进化意义。

4. 如何做到熟练解剖和拆解鱼类脑颅和咽颅的各种骨骼?

实验 3

耳石提取和形态观察

一、实验目的

1. 掌握鱼类耳石摘取及处理、耳石图像采集及测量方法。
2. 了解鱼类耳石形态描述术语,掌握耳石在鱼类物种分类中的应用方法。

二、实验材料和工具

1. 常见经济硬骨鱼类的新鲜成鱼。
2. 解剖盘,解剖剪刀、解剖刀,镊子,离心管,75%酒精,无菌手套,纸巾。
3. 数显鼓风干燥箱(GZX-9076 MBE),超声波清洗机(JP-040),体式显微镜(ZEISS Stemi 305)。

三、实验方法

1. 将鱼体侧放于解剖盘上,头朝左、腹朝下。左手固定鱼体,右手持解剖剪刀剪断两鳃下侧,沿剪断处掰开鱼头,并剪除露出的咽鳃,可见椭圆形的骨囊(即脑颅腹面空腔)。
2. 用解剖剪刀切开骨囊后方的基枕骨,用镊子轻摘位于内耳椭圆囊内的左右矢耳石,将耳石放在纸巾上,擦去耳石的黏膜,并用75%酒精清洗耳石。
3. 将清洗好的耳石装入 2 mL 离心管中,置于数显鼓风干燥箱在 65 ℃ 左右烘干 3 h 至恒重。
4. 使用体式显微镜对矢耳石进行拍照并采集图像。
5. 采用 Image 软件分析矢耳石轮廓图像,提取耳石的面积、周长、长、宽、最大和最小半径、最大和最小 Feret 直径等数据,并描述观察到的形态特征。
6. 耳石拍完后立即置于装有 75%酒精的 2 mL 离心管中常温保存。

四、实验内容

(一)鱼类耳石形态术语

内耳中的矢耳石所处位置具有一定的方向性,在自然状态下,矢耳石多侧立于内耳,与鱼体侧面大致平行。为方便描述,将耳石朝向鱼吻部的方向称为前部,朝向鱼尾部的方向称后部,朝向鱼背部的方向称背部,朝向鱼腹部的方向称腹部。同时,把耳石朝鱼体外的一面称外侧面,朝鱼体内的一面称内侧面。

如图 3-1、图 3-2 所示,鱼类耳石前部通常呈较大的缺刻,缺刻腹部一侧的突出部分称为基叶(rostrum),缺刻背部一侧的突出部分称为翼叶(antirostrum);位于耳石内侧面基叶与翼叶之间的凹槽称为主间沟(excisural notch);耳石内侧面从主间沟开始沿耳石中轴延伸的凹槽称为听沟(sulcus);位于耳石背部的突起称为脊突(knob);位于耳石腹部的叶状突起成为叶突(leafed aragonite crystal)。

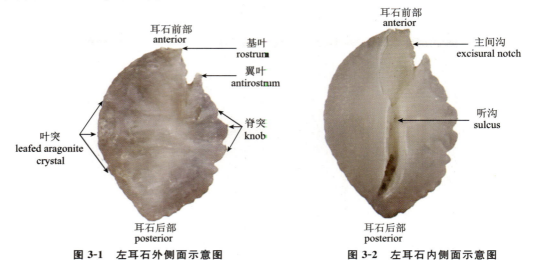

图 3-1　左耳石外侧面示意图　　　　图 3-2　左耳石内侧面示意图

(二)常见经济硬骨鱼类耳石形态描述示例

1. 黄鳍棘鲷 *Acanthopagrus latus*(图 3-3)

耳石外形近似五边形,长度略大于宽度。前部有微小突起,缺刻窄小,基叶不明显、翼叶较明显。耳石后部较平,有微突起。背部布满脊突,中央突起。腹部呈弧线形,有较多不明显叶突。外侧面表面具有辐射状轮纹,内侧面表面光滑。听沟前端宽,中央窄,末端延伸略微弯曲,且弯曲部分较短。

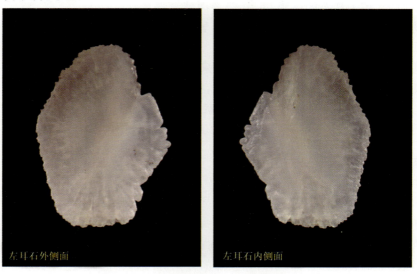

图 3-3　黄鳍棘鲷 *A. latus* 的耳石形态图

2.大黄鱼 *L. crocea*（图 3-4）

耳石外形似椭圆形,长度略大于宽度。无缺刻、基叶、翼叶。外侧面有大量的层状突起叠加的隆起。背部与腹部均圆滑,背侧为倾斜的凹陷。听沟处于内侧面内部,前端贴近前侧边缘闭合且凹槽面积较大。听沟中央窄,中央向后急剧变宽,闭合处与后部边缘轮廓贴近平行。

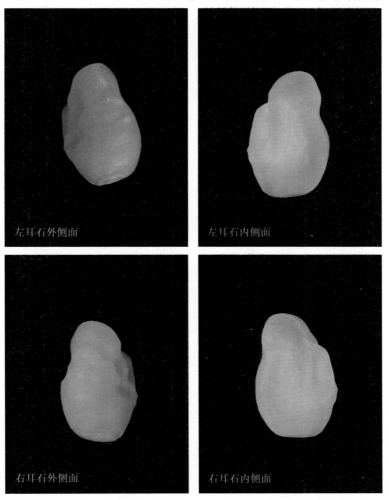

图 3-4　大黄鱼 L. crocea 的耳石形态图

3.银鲳 *Pampus argenteus*（图 3-5）

耳石外形近似椭圆形,长度明显大于宽度。前部缺刻内凹极深,基叶较翼叶发达。耳石背部有少量脊突,腹部呈弧线形,腹部后侧叶突较前侧明显。外侧面表面光滑有圆环状轮纹,内侧面表面光滑。听沟前端较窄,中央垂直向下延伸至 2/3 处闭合。

4.沙带鱼 *Lepturacanthus savala*（图 3-6）

耳石外形近似长条形,长度明显大于宽度。前部有缺刻,基叶较翼叶发达,后部中央有突出。背部脊突不明显,腹部呈直线形,叶突不明显。外侧面与内侧面表面光滑,听沟前宽后窄,中央垂直延伸至耳石 3/4 处闭合。

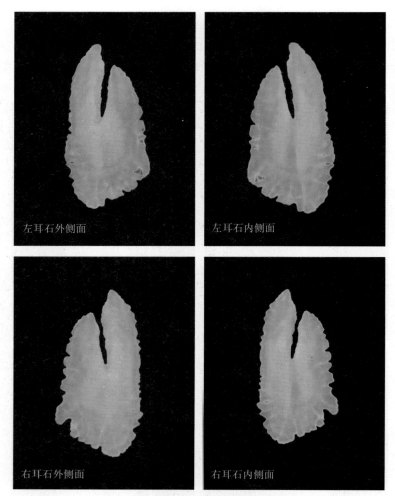

左耳石外侧面　　　左耳石内侧面

右耳石外侧面　　　右耳石内侧面

图 3-5　银鲳 *P. argeateus* 的耳石形态图

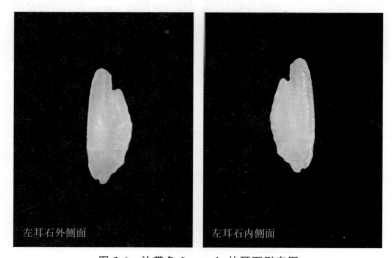

左耳石外侧面　　　左耳石内侧面

图 3-6　沙带鱼 *L. savala* 的耳石形态图

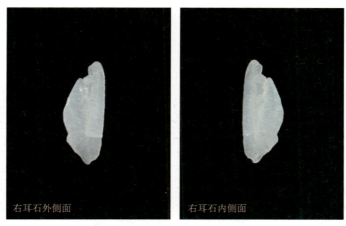

右耳石外侧面　　　右耳石内侧面

图 3-6(续)　沙带鱼 L. savala 的耳石形态图(续)

5. 褐菖鲉 *Sebastiscus marmoratus*（图 3-7）

耳石外形近似椭圆形,长度明显大于宽度。前部背侧有内凹,翼叶不明显。背部呈弧线,无脊突。腹部呈弧线形,有较多微小叶突。外侧面表面向内凹陷,内侧面表面光滑。听沟前端宽、中央窄,其延伸至 2/3 处向腹部弯曲。

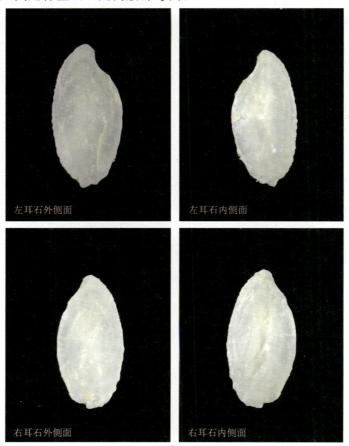

左耳石外侧面　　　左耳石内侧面

右耳石外侧面　　　右耳石内侧面

图 3-7　褐菖鲉 S. marmoratus 的耳石形态图

6.角木叶鲽 *Pleuronichthys cornutus*（图 3-8）

耳石前部略呈三角形,稍尖,背部较平直,腹部略呈钝角状凸起。耳石后部边缘略微凹陷。耳石内侧面听沟平直,听沟长度约为耳石长度的 3/4。

图 3-8　角木叶鲽 *P. cornutus* 的耳石形态图

7.黄鳍东方鲀 *Takifugu xanthopterus*（图 3-9）

耳石外形近似卵圆形,长度大于宽度。前部缺刻较深,基叶约为翼叶的 1.5 倍高。背部有少量脊突;腹部呈弧线形,有较多叶突。后部有较深凹陷。外侧面四周边缘向内凹陷,表面有不规则轮纹。内侧面表面光滑,听沟较深,前端窄,中央垂直向下延伸穿过整个耳石。

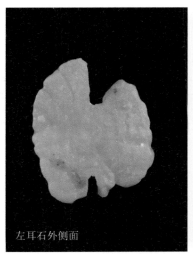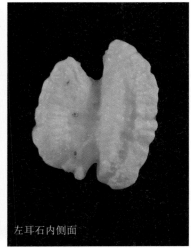

左耳石外侧面　　　　　　　　左耳石内侧面

图 3-9　黄鳍东方鲀 *T. xanthopterus* 的耳石形态图

五、作业与思考

1. 绘出并描述实验观察到的鱼类耳石形态，并标明耳石形态术语及其方位。
2. 总结耳石摘取和拍照时需要注意的问题及实验技巧。
3. 比较不同类群鱼类耳石形态的主要差异及其成因。
4. 比较耳石传统形态分析和椭圆傅里叶分析的差异及优缺点。

实验 4

消化系统、呼吸系统、尿殖系统的观察

一、实验目的

1.掌握鱼类消化系统、呼吸系统、尿殖系统各器官的解剖技术。

2.认识鱼类主要消化器官、呼吸器官、尿殖器官的形态、位置和构造特征。

3.了解鱼类食性与消化器官特征之间的关系,分析不同鱼类呼吸器官构造的差异以及呼吸器官在鱼类分类上的作用。

二、实验材料和工具

1.宽尾斜齿鲨 *S. laticaudus*、尼罗罗非鱼 *O. niloticus* 等新鲜成鱼。

2.解剖盘,解剖剪刀、解剖刀,镊子,测量尺,塑料弯头洗瓶,75%酒精,无菌手套,纸巾。

三、实验方法

1.将鱼体侧放于解剖盘上,头朝左、腹朝下,左手固定鱼体,右手持解剖剪刀从肛门前方切入,并沿着腹部中间向前剪至头部。

2.从肛门处沿体腔内壁成弧形剪切至鳃盖后缘,剪除腹壁肌肉、鳃盖和下颌(软骨鱼类需去除鳃裂处的外表皮),去除围心腔膜·露出心脏。

3.清除脂肪组织和腹腔系膜,用装有 75%酒精的塑料弯头洗瓶冲洗体腔内的污血,并用纸巾擦干,将口腔、鳃、心脏、腹腔器官完整地排列出来,并仔细观察。

四、实验内容

(一)消化系统

1.软骨鱼类的消化系统结构(图 4-2)

(1)口咽腔:由上、下颌所围成的腔·即口腔和咽腔,内具齿、舌、鳃耙等。

口:位于消化系统最前端。软骨鱼类的口均为下位口,多为新月形,其中鳐类的口多为裂缝状。

齿:附着于口腔内骨骼。软骨鱼类的齿多为三角形,包括单峰齿、三峰齿及多峰齿(图 4-2),另有铺石状齿、颗粒状齿和异形齿等不同形态。

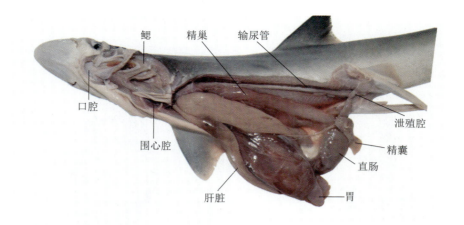

图 4-1　宽尾斜齿鲨 *S. laticaudus* 的内脏解剖

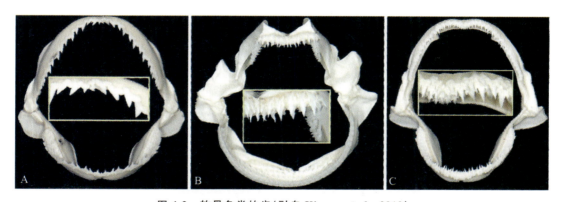

图 4-2　软骨鱼类的齿(引自 Kimura et al.，2010)

A. 锤头双髻鲨 *Sphyrna zygaena*；B. 欧氏荆鲨 *Centroscymnus owstonii*；

C. 灰三齿鲨 *Triaenodon obesus*

舌：位于口腔底部，由基舌软骨外覆盖黏膜形成。

鳃耙：位于咽颅内鳃弓的内缘。多数软骨鱼类鳃弓无鳃耙，仅姥鲨 *Cetorhinus maximus* 等少数滤食浮游生物的种类有。

（2）食管：位于口咽腔与胃之间，是一条短而宽的直管。

（3）胃：位于食管后端，是消化道最膨大的部位，多数软骨鱼类为 U 型胃。

（4）肠：可分小肠和大肠两部分，且各部位分化较明显。小肠可分为十二指肠和回肠，前者细短且稍弯曲，后者粗长且内具纵行螺旋瓣。

十二指肠：位于胃幽门部后方，管径较细，有胰管开口。

回肠：十二指肠后端膨大的部位，内有发达的黏膜褶形成的螺旋瓣，可分为画卷型和螺旋型（图 4-3）。

大肠：回肠后为大肠，可分为结肠和直肠。

结肠：回肠后端变细的部分，后缘具一指状物为直肠腺。

直肠：直肠腺后端粗短的大肠为直肠，开口于泄殖腔。

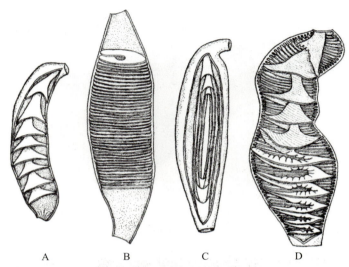

图 4-3　软骨鱼类的回肠（引自孟庆闻等，1987）

A. 短吻角鲨 *Squalus brevirostris*；B. 灰鲭鲨 *Isurus oxyrinchus*；

C. 路氏双髻鲨 *Sphyrna lewiri*；D. 圆犁头鳐 *Rhina ancylostomus*

（5）泄殖腔：软骨鱼类的直肠末端开口于泄殖腔腹壁，以泄殖孔开口于体外。

2. 硬骨鱼类的消化系统结构（图 4-4）

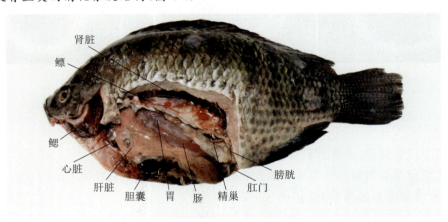

图 4-4　尼罗罗非鱼 *O. niloticus* 的内脏解剖

（1）口咽腔

口：根据上、下颌的长短，可分为上位口、下位口和端位口。

齿：根据齿着生位置，可分为颌齿（上、下颌骨）、犁齿（犁骨）、腭齿（腭骨）、舌齿（基舌骨）及咽齿（鳃弓）。硬骨鱼类常见为圆锥状齿，也有因摄食习性而特化出不同形状和排列方式的齿（图 4-5）。

犬状齿：较为凶猛的肉食性鱼类，具尖锐的长剑状或枪状的尖齿，如伏击式捕食的海鳗科 Muraenesocidae、天竺鲷科 Apogonidae 等。

臼齿：以贝类、甲壳类等为食的鱼类，常有发达的短而平的臼齿，如鲷科 Sparidae。

门状齿：用于切咬饵料生物的齿，如鹦嘴鱼科 Scaridae、鲀科 Tetraodontidae 等。

梳状齿：用于刮食藻类等植物饵料的细密齿，如香鱼 *Plecoglossus altivelis* 以附着藻类为食，因而特化出梳状齿。

舌：由基舌骨外覆盖黏膜形成，无弹性，前端游离，不能伸出口外，多为三角形、椭圆形或长条形。

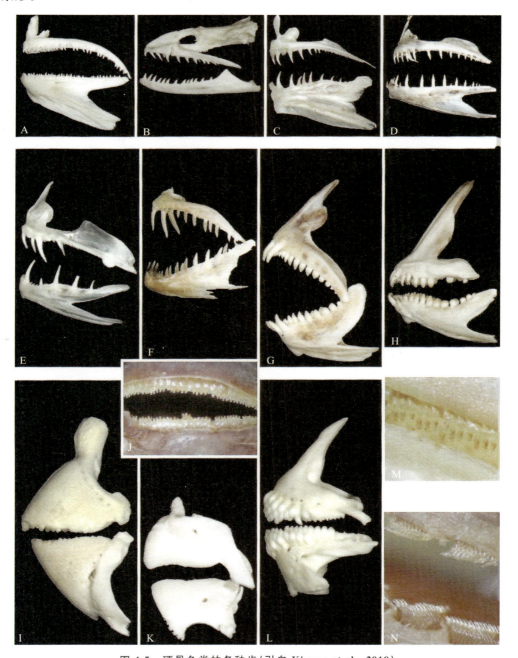

图 4-5 硬骨鱼类的各种齿（引自 Kimura et al.，2010）

A～B. 圆锥齿；C～F. 犬状齿；G～H. 臼齿；I. 愈合臼齿；J～L. 门状齿；M～N. 梳状齿

鳃耙:以滤食浮游生物为主的鱼类鳃耙细密发达,肉食性鱼类的鳃耙退化(图 4-6)。

(2)食管:连接咽腔与胃的短而粗的直管,壁较厚,内壁具发达的黏膜褶。

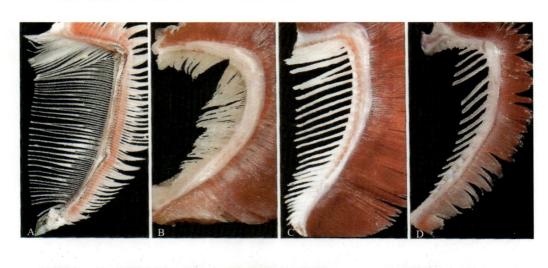

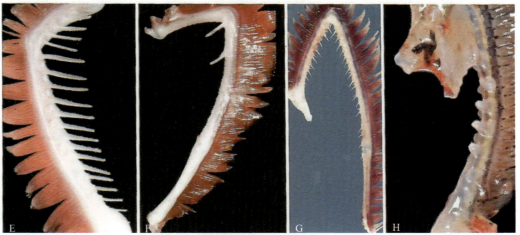

图 4-6　硬骨鱼类的鳃耙(引自 Kimura et al.,2010)

A. 远东拟沙丁鱼 *Sardinops sagax*;B. 鲻 *Mugil cephalus*;C. 史氏红谐鱼 *Erythrocles schlegelii*;

D. 短鳍鲢 *Doederleinia berycoides*;E. 褐牙鲆 *Paralichthys olivaceus*;F. 油䲗 *Sphyraena pinguis*;

G. 日本带鱼 *Trichiurus japonicus*;H. 大泷六线鱼 *Hexagrammos otakii*

(3)胃:是储存和消化食物的器官,胃壁较其他消化管壁更厚,有较强的伸缩性。胃由与食管相连的贲门部、存储食物的盲囊部以及与肠相连的幽门部组成,按照胃的发达程度可分为 5 种类型(图 4-7)。

Ⅰ型:各组成部分不发达,无盲囊部,呈直线状,如银鱼科 Salangidae 等。

U 型:盲囊部不明显,胃呈稍缓的 U 型弯曲,如银鲳 *P. argenteus* 等。

V 型:贲门部和幽门部呈 V 型,盲囊部不甚发达,如鲷科 Sparidae 等。

Y 型:盲囊部发达,伸向后方,如鲱科 Clupeidae、鳗鲡科 Anguillidae 等。

卜型:盲囊部显著发达,幽门部位于盲囊部的侧面,如狗母鱼科 Synodontidae 等。

（4）肠：是幽门部连接肛门的消化管，负责食物的消化和吸收。肠壁较胃壁薄。

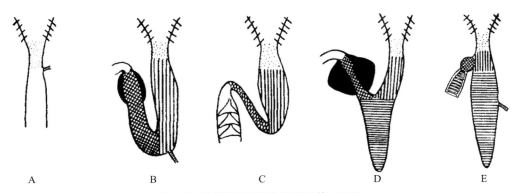

图 4-7　鱼类的胃（引自孟庆闻等，1987）

A. I 型胃；B. U 型胃；C. V 型胃；D. Y 型胃；E. 卜型胃

（5）幽门盲囊：幽门部和肠前端交界处附着的指状盲囊，又称幽门垂（图 4-9）。

（6）肛门：消化管末端与外界相通的管道。

3. 消化腺

鱼类的消化腺包括埋在消化管壁内的小型消化腺（胃腺、肠腺）和位于消化管附近的大型消化腺（肝脏和胰脏）。

（1）软骨鱼类的消化腺（图 4-8）

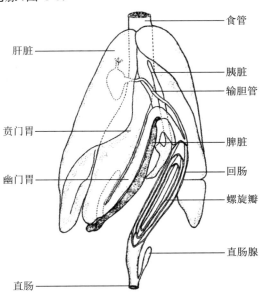

图 4-8　宽尾斜齿鲨 *S. laticaudus* 的消化系统（引自孟庆闻等，1987）

肝脏：通常呈褐黄色，是鱼类最大的消化腺。软骨鱼类的肝脏很大，一般为体重的 10%以上，2～3 叶，可伸达腹腔后端。其中，鲨类多为长条形，鳐类多为扁平形。

胆囊：肝脏分泌的胆汁储存于胆囊中。软骨鱼类的胆囊多埋于肝脏中。

胰脏：板鳃鱼类的胰脏为一坚实的腺体，单叶或双叶，均位于胃与十二指肠附近。

（2）硬骨鱼类的消化腺（图 4-9）

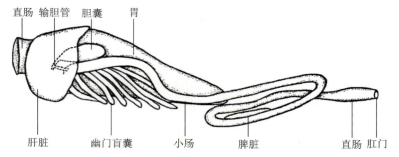

图 4-9　中国花鲈 *L. maculatus* 的消化系统（引自孟庆闻等，1987）

肝脏：硬骨鱼类的肝脏多为 2 叶，也有分为 3 叶（金枪鱼 *Thunnus* spp.）、多叶（玉筋鱼科 Ammodytidae）、不分叶（雀鳝科 Lepisosteidae）和弥散状（鲤 *Cyprinus carpio*）。

胆囊：位于腹腔前右侧，被肝胰脏包盖，为球形或卵圆形的深绿色囊，可储存胆汁，通过胆管与肠相连。

胰脏：多数硬骨鱼类的胰脏呈弥散状，分散于消化管附近、系膜上或附隐于脂肪组织中。如鲤科 Cyprinidae 鱼类的胰脏常部分或全部埋在肝脏内，称为肝胰脏。

（二）呼吸系统

1. 软骨鱼类的鳃（图 4-10、图 4-12）

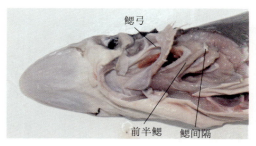

图 4-10　宽尾斜齿鲨 *S. laticaudus* 的鳃

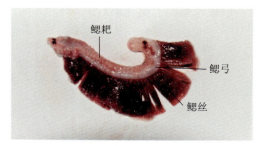

图 4-11　尼罗罗非鱼 *O. niloticus* 的鳃

鳃弓：鳃的支持结构，软骨鱼类为一软骨质的弓形骨骼。为"⊃"形软骨，通常具 5 对。第 1～4 对鳃弓具前、后半鳃，支持鳃间隔。

鳃间隔：板鳃鱼类的鳃间隔发达，呈平板状，其长度超过鳃丝，并向体后方延伸，末端被以皮肤，用于保护鳃部。鳃间隔中有鳃条软骨支持。

鳃片：鳃的主要组成部分，由平行排序的鳃丝组成，呈梳状。鳃丝的一侧附着在腮间隔上，另一侧游离。

鳃丝：组成鳃片的丝状物，鳃丝的两侧具许多薄片状突出的鳃小片，鳃小片是进行气体交换的场所。

肌肉：鳃丝基部都有鳃丝展肌和鳃丝收肌，可使鳃丝分离或靠拢。

血管：鳃弓下方有 3 条血管，背面 2 条为出鳃动脉，腹面 1 条为入鳃动脉。

鳃裂：软骨鱼类无鳃盖，但其向后延伸的鳃间隔起着鳃盖的作用。发达的鳃间隔分隔成头后外侧的 5 对鳃孔，内、外鳃裂间的通道为鳃裂道。

2.硬骨鱼类的鳃(图 4-11、图 4-12)

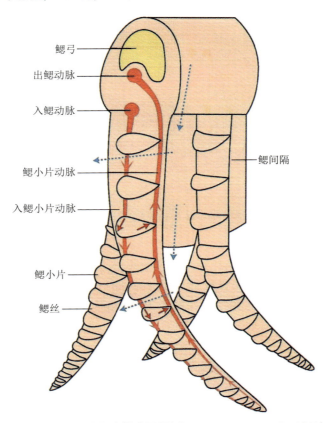

鳃弓
出鳃动脉
入鳃动脉
鳃小片动脉
入鳃小片动脉
鳃间隔
鳃小片
鳃丝

图 4-12 鳃的构造模式图(引自 Datta Munshi et al. ,1968)
注:红色实线箭头表示血液流向,蓝色虚线箭头表示水流。

鳃弓:为耳形骨骼,具 5 对,内缘具鳃耙,外缘具鳃丝。

鳃耙:为鳃弓内缘的骨质突起,或呈球形、棒形等,为一滤食器官,也有保护鳃丝的作用。

鳃间隔:位于两个鳃片之间的隔板,硬骨鱼类的鳃间隔已退化。

鳃片:由许多平行排列的鳃丝组成,其一端着生在鳃弓外缘,另一端游离。

鳃丝:组成鳃片的丝状物,由鳃条与鳃小片组成的气体交换枢纽。

鳃条:位于鳃丝内的骨质或软骨质的小骨条,为鳃丝提供支持作用。

肌肉:鳃丝基部都有两条横纹肌,即鳃丝展肌和鳃丝收肌,可控制鳃丝展开或收缩。

血管:位于鳃弓的下方有 2 条血管,背面为出鳃动脉,腹面为入鳃动脉。

鳃盖:硬骨鱼类鳃腔外部具鳃盖覆盖,其后缘的鳃盖膜具重要辅助作用。

3.伪鳃

多数真骨鱼类具伪鳃,其外形似鳃,较真鳃短小。伪鳃位于鳃盖内侧,部分被上皮组织覆盖,故其鳃丝多不伸入鳃腔。因仅富氧血液进入该结构,并流向眼睛,所以称之伪鳃。根据伪鳃被覆盖的情况,分为三种类型:

(1)自由式伪鳃:位于与第一鳃弓上鳃骨相对的位置上,鳃丝和鳃小片完全游离,如大黄鱼 *L. crocea* 的伪鳃(图 4-13)。

（2）覆盖式伪鳃：位于鳃盖内侧，被结缔组织覆盖。

（3）封埋式伪鳃：这种伪鳃被结缔组织深深地埋在鳃腔顶部，与鳃腔完全隔开。

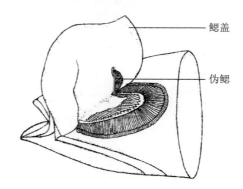

图 4-13　大黄鱼 *L. crocea* 的伪鳃（引自孟庆闻等，1987）

4.鳔

软骨鱼类无鳔。多数硬骨鱼类消化管背方及腹膜外有一大而中空的囊状器官，囊内充满气体，即是鳔。鳔背面紧贴肾脏和脊椎骨。根据鳔管的有无，鳔可分为：

喉鳔：凡有鳔管的鳔都称为喉鳔。一些鲱科 Clupeidae 鱼类不仅在鳔的前方有鳔管与食管相连，而且在鳔的后端还有一开口于体外的小孔，称之为肛孔。

闭鳔：鳔管退化消失的鳔为闭鳔。闭鳔鳔体内壁的前腹面有由大量微血管形成的红腺，为气体释放区；内壁的后背方有一圆形的卵圆窗，为气体的吸收区。例如，中国花鲈 *L. maculatus* 的鳔无鳔管，仅一大鳔室，鳔内壁前腹面红腺发达，后背方有一较薄的卵圆窗（图 4-14）。

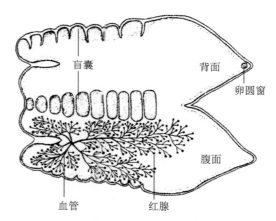

图 4-14　中国花鲈 *L. maculatus* 的鳔水平解剖图（引自孟庆闻等，1987）

（三）尿殖系统

1.软骨鱼类的尿殖系统（图 4-15）

肾脏：位于腹腔背壁，去除腹腔中央一层薄膜，可见一对暗红色的长条形器官，此即肾脏。肾脏从腹腔前部延伸到近泄殖腔处，前端稍膨大为头肾，后部较狭长为中肾。

输尿管：位于肾脏后部内侧的一对细管。雄性输尿管后端与输精管共同相连于尿殖窦，通过尿殖孔开口于泄殖腔,再以泄殖孔与体外相连。雌性输尿管直接以泌尿孔开口于泄殖腔。

生殖腺:未成熟个体的精巢呈淡粉色(或乳白色)的长条形,卵巢为长串形的裸卵巢(性成熟个体可见卵巢内有大型卵粒),位于腹腔背侧。

生殖导管:雄性成体中肾管腔粗大而弯曲转变为输精管。其前端盘曲为附睾,后端扩大为贮精囊,并向腹外方突出精囊。雌性输卵管由米肋氏管特化而成,后端分化出卵壳腺和子宫。

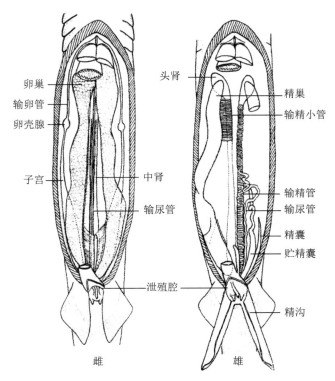

图 4-15 宽尾斜齿鲨 *S. laticaudus* 的尿殖系统(引自孟庆闻等,1987)

2.硬骨鱼类的尿殖系统(图 4-16)

肾脏:位于鳔的背侧,紧贴在脊椎骨下方,为腹腔膜所覆盖,为扁平长条形暗红色器官。肾脏常具一对头肾和中肾。头肾位于腹腔隔膜的前背方,略膨大,侧视近三角形。

输尿管:每侧中肾后部外缘的一对细管,通入膀胱,成为泌尿器官通达体外的管道。

膀胱:由输尿管末端膨大而成,是贮藏尿液的囊状器官。其末端有一孔通入尿殖窦,并以尿殖孔开口于体外,位于肛门后方。

生殖腺:位于鳔腹面两侧,消化管背方,多数种类为一对。雌性为卵巢,雄性为精巢。性未成熟时呈透明或半透明的细长条状。性成熟个体卵巢或精巢可充满整个腹腔,此时卵巢多呈黄色,内有明显的卵粒,精巢呈乳白色。

生殖导管:雌性为输卵管,由卵巢囊后端变狭而成。雄性为输精管,位于精巢背侧或底部。生殖导管或在后端合并相连尿殖窦后以尿殖孔开口于体外,或与输尿管各自开口于体外(由前向后依次为肛门、生殖孔、泌尿孔)。多种鱼类的生殖导管直接以生殖孔开口于体外。

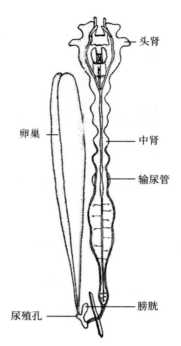

卵巢

头肾

中肾

输尿管

膀胱

尿殖孔

图 4-16　大黄鱼 *L. crocea* 的尿殖系统（引自孟庆闻等，1987）

五、作业与思考

1. 绘制实验鱼类的消化系统、呼吸系统、尿殖系统的形态图，并标明各器官的名称。
2. 试述软骨鱼类和硬骨鱼类在消化系统、呼吸系统和尿殖系统方面的差异。
3. 比较不同食性鱼类主要消化器官的异同，分析消化系统的构造与食性之间的关系。
4. 分析鱼类鳃耙的构造与其生活习性的关系。
5. 概述鱼类的呼吸器官和辅助呼吸器官的作用。

实验 5

肌肉系统、循环系统的观察

一、实验目的

1.认识鱼类各部位肌肉的形态特征、分布位置,了解鱼类肌肉系统的一般结构与功能的关系。

2.了解鱼类循环系统的基本形态及结构。

3.掌握鱼类肌肉系统和血管系统的解剖技术。

二、实验材料和工具

1.宽尾斜齿鲨 *S. laticaudus*、尼罗罗非鱼 *O. niloticus* 等新鲜成鱼。

2.解剖盘,解剖剪刀、解剖刀,镊子,测量尺,塑料弯头洗瓶,75%酒精,无菌手套,纸巾。

三、实验方法

1.用解剖刀沿鱼头部后方体背正中线的皮肤划开一刀口,用镊子和解剖刀小心将皮肤与肌肉从前向后逐渐分离,小心剥离鳍基部的小肌束。

2.用解剖剪刀从肛门处沿体腔内壁成弧形剪切至鳃盖后缘,剪除腹壁肌肉、鳃盖和下颌(软骨鱼类需去除鳃裂处的外表皮),去除围心腔膜,露出心脏。

四、实验内容

(一)肌肉系统

根据肌肉的分布区域和胚胎发育,可分为体节肌和鳃节肌。

1.体节肌

体节肌主要受控于脊神经,可分为中轴肌和附肢肌肉。

(1)中轴肌:包括头部肌肉和躯干部肌肉。

1)头部肌肉主要是眼球肌肉(简称眼肌)和舌下肌肉(简称舌肌,不发达)。其中,眼肌包括(图 5-1):

上斜肌:起于侧筛骨内侧,向上后方延伸,止于眼球背面中央。

下斜肌:与上斜肌相对,向下后方延伸,止于眼球腹面中央。

上直肌:位于眼球背面中央,起于副蝶骨内侧,止于上斜肌附近。

下直肌:位于眼球腹面,与上直肌相对,亦起于副蝶骨内侧,止于眼球腹面后方。

内直肌:位于眼球最前方,穿过上、下斜肌的间隔,止于眼球最前方。

外直肌:与内直肌相对,止于眼球最后方。

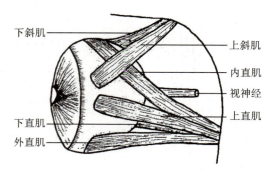

图 5-1　宽尾斜齿鲨 *S. laticaucus* 的眼肌组成(引自孟庆闻等,1987)

2)躯干部肌肉(图 5-2)

大侧肌:位于体两侧,由一系列按节排列、呈锯齿状的肌肉组成。

水平隔膜:体中轴的结缔组织隔膜,其上方的大侧肌为轴上肌(或上轴肌),下方为轴下肌(或下轴肌)。

肌隔:为结缔组织隔膜,将大侧肌分隔为肌节。

红肌:位于轴上肌与轴下肌间,呈暗红色的条状肌肉,部分种类具表层红肌。

上棱肌:位于背鳍基前后方的纵条形肌肉,由背鳍引肌和背鳍缩肌组成。

背鳍引肌:位于背鳍基前端,起于上枕骨,止于第一背鳍棘底部。

背鳍缩肌:位于背鳍基后端,起于背鳍最后鳍条的支鳍骨,止于尾鳍基。

下棱肌:位于腹部中线,多数由腹鳍引肌、腹鳍缩肌和臀鳍缩肌组成。

腹鳍引肌:位于腹鳍前端,起于尾舌骨侧后端中央,止于腹鳍基部。

腹鳍缩肌:位于腹鳍、臀鳍间,起于腰带后端,止于臀鳍最前端支鳍骨。

臀鳍缩肌:位于臀鳍、尾鳍间,起于臀鳍最后支鳍骨,止于尾鳍基。

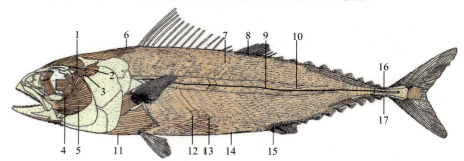

1.舌颌收肌;2.鳃盖提肌;3.鳃盖开肌;4.腭弓收肌;5.下颌收肌;6.背鳍引肌;7.上轴肌;8.背鳍倾肌;
9.水平隔膜;10.表层红肌;11.腹鳍引肌;12.肌隔;13.下轴肌;14.腹鳍缩肌;15.臀鳍倾肌;
16.背鳍缩肌;17.臀鳍缩肌

图 5-2　蓝鳍金枪鱼 *Thunnus maccoyii* 的肌肉组成(引自 Kimura et al.,2010)

(2)附肢肌肉:包括背鳍肌、臀鳍肌、尾鳍肌、肩带肌和腰带肌。

1)背鳍肌:由浅层的背鳍倾肌、背鳍条间肌和深层的背鳍竖肌、背鳍降肌组成(图 5-3)。

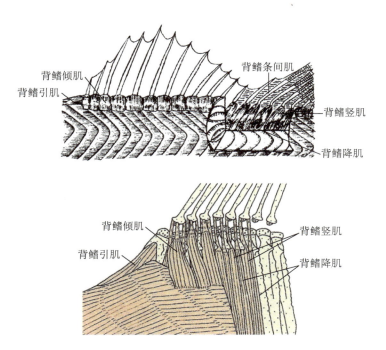

图 5-3　中国花鲈 _L. maculatus_(上)和丝背细鳞鲀 _Stephanolepis cirrhifer_(下)的背鳍肌肉
(引自孟庆闻等,1987;Kimura et al. ,2010)

背鳍倾肌:位于背鳍基底两侧,与皮肤相连,呈似方形的束状肌肉。起于背鳍基底皮肤下的腱膜,覆盖轴上肌的背缘,止于鳍棘或鳍条基部的侧缘。

背鳍条间肌:位于背鳍前后棘或鳍条间斜行的肌纤维。

背鳍竖肌:深埋于背鳍倾肌和轴上肌背缘之下,每一鳍棘或鳍条基部的两侧均附着 2 条长条形的束状肌肉,其中前者为背鳍竖肌。起于鳍条基骨纵嵴的前缘与前一鳍条基骨纵嵴后缘间的结缔组织背中隔腱膜上,止于鳍棘或鳍条基部的前端。

背鳍降肌:位于背鳍竖肌之后,起于基骨纵嵴后缘和该处腱膜上,止于鳍棘或鳍条基部的后端。

2)臀鳍肌:由浅层的臀鳍倾肌、臀鳍条间肌和深层的臀鳍竖肌、臀鳍降肌组成。臀鳍肌组成以中国花鲈 _L. maculatus_ 为例说明(图 5-4)。

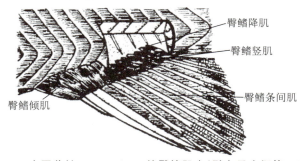

图 5-4　中国花鲈 _L. maculatus_ 的臀鳍肌肉(引自孟庆闻等,1987)

臀鳍倾肌:位于臀鳍基底两侧,与背鳍倾肌相似。起于轴下肌腹面的腱膜和臀鳍基底皮肤上,止于鳍棘或鳍条基部的侧缘。

臀鳍条间肌:位于臀鳍前后棘或鳍条间斜行的肌纤维。

臀鳍竖肌:深埋于臀鳍倾肌和轴下肌腹缘之下的2条长条形的束状肌肉,其中起于鳍条基骨的后缘、止于后一鳍棘或鳍条基部前端的束肌为臀鳍竖肌。

臀鳍降肌:位于臀鳍竖肌之后,二者交互排列。起于其后方鳍条基骨前侧缘腱膜上,止于前一鳍棘或鳍条基部的后端。

3)尾鳍肌:由尾鳍基部及尾柄肌肉组成。尾鳍肌组成以中国花鲈 *L. maculatus* 为例说明(图 5-5)。

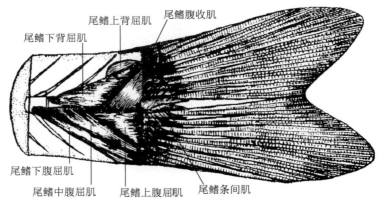

图 5-5 中国花鲈 *L. maculatus* 的尾鳍肌肉(引自孟庆闻等,1987)

尾鳍条间肌:位于尾鳍基部的束状肌肉,呈扇形排列。起于尾鳍基部腱膜上,止于分支鳍条基部。

尾鳍上背屈肌:为近扁平的纵行肌肉,其前下端部分被尾鳍下背屈肌覆盖。起于倒数第2椎骨的髓弓上,止于尾鳍上叶不分支鳍条及第1~2分支鳍条基部。

尾鳍下背屈肌:此肌较大,其后背方被尾鳍腹收肌覆盖。起于第33~35椎骨的椎体及髓弓、第3~4尾下骨和背纵隔上,止于尾鳍上叶第3~5分支鳍条基部。

尾鳍腹收肌:位于尾鳍下背屈肌后方,呈三角形。起于倒数第2椎骨椎体及第4~5尾下骨上,止于尾鳍上叶不分支鳍条及第1~3分支鳍条基部。

尾鳍上腹屈肌:位于尾鳍腹收肌的腹面,起于倒数第2椎骨椎体和最后椎骨的脉弓、第5~6尾下骨、水平隔膜及尾部棒状骨上,止于尾鳍下叶第1~6分支鳍条。

尾鳍中腹屈肌:位于尾鳍上腹屈肌与尾鳍下腹屈肌之间,起于第33~35椎骨的椎体腹面、最后椎骨脉棘及水平隔膜上,止于尾鳍下叶不分支鳍条及最后分支鳍条基部。

尾鳍下腹屈肌:起于第33~35椎骨的椎体及脉棘侧面,止于尾鳍下叶第1~3不分支鳍条基部。

4)肩带肌:由外侧浅肌和内侧深肌组成。肩带肌组成以中国花鲈 *L. maculatus* 为例说明(图 5-6)。

外侧浅肌:包括肩带浅层展肌、肩带伸肌、肩带深层展肌等。

肩带浅层展肌:起于匙骨前方腹面和乌喙骨前外侧,止于胸鳍基部外侧。

肩带伸肌:起于匙骨内侧中部,止于胸鳍内侧鳍条基部。

肩带深层展肌:位于肩带腹缘,被肩带浅层展肌覆盖。起于乌喙骨腹面,止于胸鳍外侧鳍条基部。

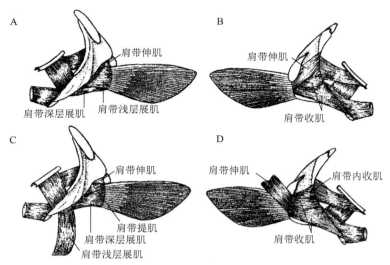

图 5-6　中国花鲈 *L. maculatus* 的肩带肌肉（引自孟庆闻等，1987）

A 和 C.外侧面；B 和 D.内侧面；C.剖开肩带浅层展肌；D.剖开肩带伸肌

内侧深肌：包括肩带提肌、肩带内收肌、肩带收肌等。

肩带提肌：位于肩带深层展肌上方，起于匙骨和乌喙骨相交处，止于胸鳍第 1～2 鳍条基部外侧。

肩带内收肌：位于肩带内侧，被肩带伸肌覆盖。起于匙骨内侧，止于胸鳍内侧第 6～7 鳍条基部。

肩带收肌：位于肩带内收肌下方，为上、下两块肌肉。上部肩带收肌起于匙骨内侧，止于胸鳍下半鳍条基部；下部肩带收肌起于匙骨前缘下侧，止于胸鳍第 5～17 鳍条基部内侧。

5）腰带肌：由腹面浅肌和背面深肌组成。腰带肌组成以中国花鲈 *L. maculatus* 为例说明（图 5-7）。

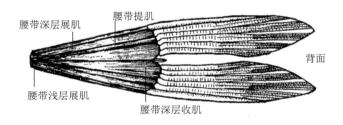

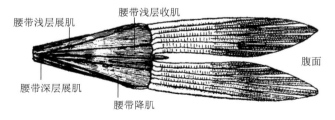

图 5-7　中国花鲈 *L. maculatus* 的腰带肌肉（引自孟庆闻等，1987）

腹面浅肌:包括腰带浅层展肌、腰带降肌、腰带浅层收肌等。

腰带浅层展肌:起于腰带纵隔、无名骨前端侧面及附近的皮肤腱膜,止于腹鳍外侧棘基部。

腰带降肌:位于腰带浅层展肌内侧,起于无名骨前部和纵隔,止于腹鳍第1～3分支鳍条基部。

腰带浅层收肌:位于最内侧,起于无名骨腹面内侧,止于第4～5分支鳍条腹面基部。

背面深肌:包括腰带深层展肌、腰带提肌、腰带深层收肌等。

腰带深层展肌:位于腰带浅层展肌背面·起于无名骨前部,止于腹鳍外侧棘基部背面。

腰带提肌:位于腰带深层展肌内侧,起于无名骨前部背面,止于腹鳍第1～3分支鳍条基部背面。

腰带深层收肌:位于背面最内侧,起于无名骨前部背面,止于腹鳍第4～5分支鳍条基部背面。

2.鳃节肌

鳃节肌主要受控于脑神经,包括颌弓、舌弓和鳃弓上的肌肉。

(1)头部侧面肌肉(图5-2、图5-8)

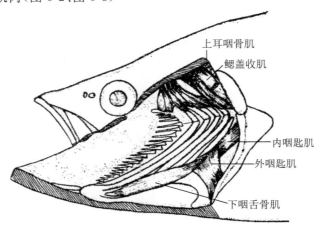

图5-8　中国花鲈 *L. maculatus* 的头部侧面肌肉(引自孟庆闻等,1987)

舌颌提肌:位于眼后方,似矩形。起于蝶耳骨腹缘,止于舌颌骨上半部和后翼骨上缘。

下颌收肌:位于眼后下方,前鳃盖骨前面,头侧最大的肌肉。起于前鳃盖骨、舌颌骨前端,后翼骨和方骨后端,止于上颌骨、齿骨及关节骨内侧。

鳃盖开肌:位于舌颌提肌后上方,眼后背方。起于额骨后侧、蝶耳骨侧面和翼耳骨前端,止于前鳃盖骨和舌颌骨相交处。

鳃盖提肌:位于鳃盖开肌后下方,起于翼耳骨后腹面,止于主鳃盖骨上缘。

鳃盖收肌:被主鳃盖骨覆盖,起于前耳骨后侧,止于主鳃盖骨内侧。

下咽舌骨肌:起于尾舌骨棱嵴前侧,止于下咽骨腹面。

上耳咽骨肌:起于上耳骨腹侧面及外枕骨后端,止于第五鳃弓背面上部和匙骨前内侧。

外咽匙肌:起于匙骨中下部腹面,止于下咽骨中下部腹面。

内咽匙肌:起于匙骨中部内侧,止于下咽骨前腹面。

(2)头部腹面肌肉(图5-9)

颏舌骨肌:位于头腹面最前端,左右齿骨之间。起于角舌骨腹面,止于齿骨前端内侧。

鳃条骨舌肌:位于颏舌骨肌后方,起于尾舌骨后腹面,止于各鳃条骨内侧。

胸舌骨肌:起于后匙骨下部前端和最前端的肌隔,止于尾舌骨背面中央隆起嵴内侧。

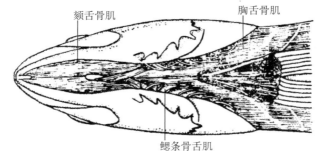

图 5-9　中国花鲈 *L. maculatus* 的头部腹面肌肉(引自孟庆闻等,1987)

(二)循环系统

循环系统:包括心脏、动脉系统和静脉系统。

1. 心脏

(1)软骨鱼类的心脏(图 5-10、图 5-12)

图 5-10　宽尾斜齿鲨 *S. laticaudus* 的心脏腹面(左)和侧面(右)结构(引自孟庆闻等,1987)

动脉圆锥:前接腹侧主动脉,后接心室。动脉圆锥呈短圆锥形,其壁厚,鱼体新鲜时呈粉红色。

心室:前接动脉圆锥,尖端向前,呈三角形,肌肉壁厚。

心耳:位于心室背面,后方与静脉窦相通,其壁较薄,较心室宽大。

静脉窦:位于心耳后背面,后方两侧与古维尔氏管相通(鱼体不新鲜时易黏连)。其壁薄,呈三角囊状。

(2)硬骨鱼类的心脏(图 5-11、图 5-13)

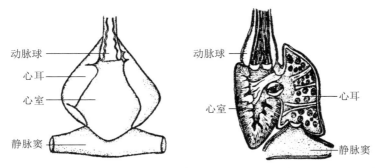

图 5-11　中国花鲈 *L. maculatus* 的心脏(左)和侧面(右)结构(引自孟庆闻等,1987)

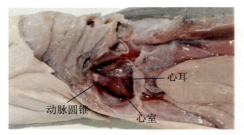

图 5-12　宽尾斜齿鲨 *S. laticaudus* 的心脏解剖

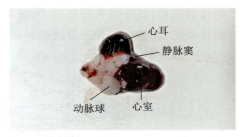

图 5-13　尼罗罗非鱼 *O. niloticus* 的心脏解剖

动脉球:位于心室前方,呈圆锥形。动脉球稍小于心室,近心室端膨大,鱼体新鲜时呈粉红色,固定后呈白色。

心室:位于动脉球之后、心耳腹侧,侧视呈近三角形,肌壁较厚。

心耳:位于心室背侧、静脉窦前方,其壁较薄。

静脉窦:位于心耳后背侧,后端与古维氏导管相接,近三角形,其壁甚薄。

2.动脉系统

负责将离心血液输送至身体各部分的血管为动脉。

(1)软骨鱼类的动脉系统(图 5-14)

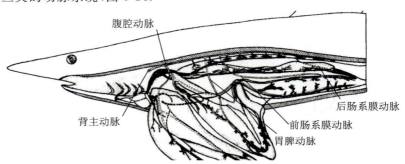

图 5-14　宽尾斜齿鲨 *S. laticaudus* 的动脉系统(引自孟庆闻等,1987)

腹侧主动脉:位于动脉圆锥前方的 1 条纵行较粗的血管。

入鳃动脉:由腹侧主动脉向两侧发出 4 对入鳃动脉。其中,第 1 对又分为前、后 2 支,前支进入舌弓,后支进入第一鳃弓的鳃间隔。第 2～4 对入鳃动脉分别进入第 2～4 对鳃弓的鳃间隔,均具入鳃动脉和入鳃小片动脉,进入鳃丝和鳃小片。

出鳃动脉:由出鳃小片动脉和出鳃丝动脉汇聚至出鳃动脉,每一鳃弓后半鳃的出鳃动脉与后一鳃弓前半鳃的出鳃动脉相连,形成圈绕鳃裂的出鳃动脉环,共 4 对。第一出鳃动脉环向前发出细分支至喷水孔鳃上,为喷水孔动脉。第四鳃弓后半鳃的出鳃动脉不形成环,以小血管与第四出鳃动脉环相连。各出鳃动脉环在背部各分出一支鳃上动脉,两侧共 4 对鳃上动脉,汇聚至背主动脉片。

颈总动脉:从第一出鳃动脉发出另一支较粗的颈总动脉,向头部延伸并分出内、外 2 支。外支为颈外动脉,进入颅内,供应头部两侧的血液,分支到达眼及嗅囊上;内支为颈内动脉,在左右颈总动脉会合前发出,分布到脑的腹面。

鳃下动脉:第 2～4 对出鳃动脉环的腹面各分出一小支汇聚成纵行的一支鳃下动脉,位于腹侧主动脉腹面,并与其平行。其分支为冠动脉,分布至心脏的动脉圆锥、心耳和心室等,供给心脏营养。

背主动脉：紧贴头背部中央，出头部后，位于脊柱下方，腹腔背方，由躯干部向尾部延伸，分出锁下动脉、腹腔动脉、胃脾动脉、前肠系膜动脉、后肠系膜动脉、髂动脉、体节动脉等分支。

尾动脉：背主动脉在腹腔后部进入尾椎脉弓中的为尾动脉，位于尾静脉的背方，分支至尾部脊髓及肌肉。

（2）硬骨鱼类的动脉系统（图 5-15）

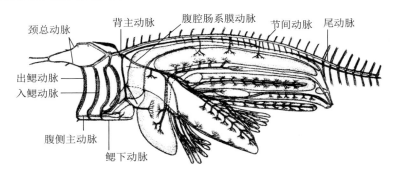

图 5-15　中国花鲈 *L. maculatus* 的动脉系统（引自孟庆闻等，1987）

腹侧主动脉：位于心脏前方，鳃弓腹面中央，其与心室相连处膨大的球形结构为动脉球。

入鳃动脉：从腹侧主动脉分出 4 对入鳃动脉。第 1、2 对入鳃动脉基部相距较远，第 3、4 对入鳃动脉基部合一，以一管与腹侧主动脉相连。各对入鳃动脉分别进入相应的鳃弓中，在鳃内又分出无数的毛细血管到鳃丝及鳃小片中。

出鳃动脉：从鳃小片及鳃丝部分的毛细血管汇聚至出鳃动脉，前后共有 4 对。第 1、2 对和第 3、4 对出鳃动脉于鳃弓背面分别相互汇合而形成前、后两对鳃上动脉，并于背部中央处汇合而成一条背主动脉。

鳃下动脉：始于第 2、3 对出鳃动脉腹端，合为一支，沿腹侧主动脉的腹面伸达心脏后则为冠动脉。

颈总动脉：一对由第一出鳃动脉的背部前方发出，向前延伸并分出内、外两支。外支为颈外动脉，分布至上下颌、口腔黏膜及眼眶等处。内支为颈内动脉，穿过翼蝶骨的小孔进入脑颅骨骼内。左、右颈内动脉在前脑区域的底部相互连接成环状，称为头动脉环，为硬骨鱼类所特有。

背主动脉：左、右鳃上动脉在背部正中线上汇合成一条粗大血管，即背主动脉。包括锁下动脉、腹腔肠系膜动脉、节间动脉、髂动脉、臀鳍动脉等主要分支。

尾动脉：由背主动脉延伸至尾部，进入尾部第一脉弓后称尾动脉。

3. 静脉系统

负责引导血液回流至心脏的血管为静脉。

（1）软骨鱼类的静脉系统（图 5-16）

颈下静脉：除去围心腔背面的心包壁层，可见心耳背方两侧有一对血管，各开口于古维尔氏导管的两角，接受来自下颌、咽喉部和鳃区的血液。

前主静脉窦：除去口咽腔背壁的黏膜，可找到一对较粗的血管，汇聚自鳃的 4 对静脉、舌静脉和眶窦的血液，向后开口于古维尔氏管的两侧角。

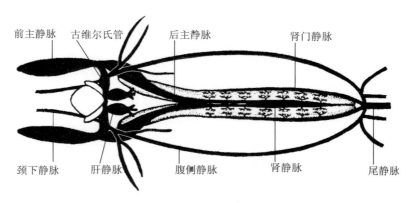

图 5-16　宽尾斜齿鲨 *S. laticaudus* 的静脉系统（引自孟庆闻等，1987）

古维尔氏管：在静脉窦末端左右两侧各成一个大的开口，在此延长而成古维尔氏管，全身的静脉血均经此管输入心脏。

后主静脉：在古维尔氏管两侧后方各有一条粗大的后主静脉窦，除去横隔膜后两侧的腹膜，可见一对粗大壁薄的后主静脉窦，向后渐变窄而成后主静脉，汇聚来自生殖腺、生殖导管、节间静脉和肾静脉的静脉血。

腹侧静脉：位于腹腔的两侧壁，除去腹膜后可见其下成对纵行的腹侧静脉，汇聚来自胸鳍、腹鳍和体后方的血液。

肝静脉：胃、肠、胰、脾等器官的血液汇聚于较粗短的肝门静脉，经肝脏后汇聚至肝静脉，再至心脏的静脉窦。

肾门静脉：尾椎脉弓中下方一条稍粗的尾静脉，向前至肾脏后，分成两条血管入肾脏，即肾门静脉。主要汇聚尾部血液，经肾脏后再从肾静脉至后主静脉。

（2）硬骨鱼类的静脉系统（图 5-17）

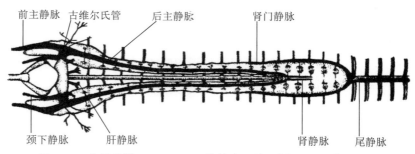

图 5-17　中国花鲈 *L. maculatus* 的静脉系统（引自孟庆闻等，1987）

古维尔氏管：连在静脉窦后背方的一对粗短血管，汇聚前、后主静脉回流心脏的血液。

前主静脉：位于古维尔氏管前方的一对静脉，汇聚来自脑颅、口腔、舌弓等的血液。

颈下静脉：在古维尔氏管的内侧通入静脉窦，汇聚来自下颌、咽喉部和鳃区的血液。

后主静脉：位于肾脏背面的一对血管，多数硬骨鱼类左、右后主静脉分别由肾门静脉和尾静脉发展而来。右侧一支为右后主静脉，在肾脏处不分支，不形成肾门静脉，且较左侧支粗，收集来自尾部和肾脏的血液至古维尔氏管。肾脏在左侧的肾门静脉析散成毛细血管后，再由毛细血管收集汇入左后主静脉，向前通入左侧古维尔氏管。

尾静脉：左、右后主静脉在尾部合成尾静脉，位于尾椎骨脉弓中尾动脉的腹面。

肝门静脉和肝静脉：自肠、脾、胆囊等器官的血液汇聚至肝门静脉，在肝脏内析成毛细血管网，然后再汇集到肝静脉回心脏。

五、作业与思考

1. 绘制实验鱼类的肌肉系统、循环系统的简图，并标明其主要组成及结构的名称。
2. 试述控制鱼体游泳运动的主要肌肉的分布情况。
3. 试述软骨鱼类和硬骨鱼类的心脏构造的异同。
4. 简述鱼类呼吸器官与血液循环器官的相互作用。
5. 硬骨鱼类的动脉循环系统有何特点？

实验 6
神经系统、感觉器官、内分泌器官的观察

一、实验目的

1. 掌握鱼类神经系统、感觉器官、内分泌器官的解剖技术。

2. 了解鱼类神经系统、感觉器官、内分泌器官的基本构造及主要特征;理解视觉器官、脑结构与生活方式的关系。

二、实验材料和工具

1. 宽尾斜齿鲨 *S. laticaudus*、尼罗罗非鱼 *O. niloticus* 等新鲜成鱼。

2. 解剖盘,解剖剪刀、解剖刀,镊子,测量尺,塑料弯头洗瓶,75%酒精,无菌手套,纸巾。

三、实验方法

1. 先将鱼体侧放于解剖盘上,头朝左、本背朝上,左手固定鱼体,右手持解剖剪刀从脑颅背后方横向切入,先将头背部皮肤及肌肉完整剥离,再除去头背部骨骼,直至脑各部位暴露,最后用镊子小心去除表面的脑膜。

2. 在解剖完神经系统之后,清除上述已剥离头背部皮肤的肌肉和结缔组织,置于清水中即可观察其内侧面的罗伦管(软骨鱼类)。内耳位于脑颅后方两侧的耳囊,除去外层骨骼可见。用解剖剪刀去除鼻孔附近的皮肤和鼻瓣,即可见嗅囊,将眼剥离后用解剖刀切成两半可观察其结构。

3. 神经系统和感觉系统观察完毕后,可根据各内分泌器官位置进一步解剖、观察。

四、实验内容

(一)神经系统

1. 软骨鱼类的脑结构

脑分为 5 部分,大脑、小脑、延脑均很显著。嗅球大,占端脑的大部分,大脑腹面具灰质组成的纹状体,延脑的绳状体特别发达。以灰星鲨 *Mustelus griseus* 为例说明软骨鱼类脑的结构(图 6-1)。

(1)端脑:位于脑的最前端,由嗅脑和大脑半球组成。嗅脑由嗅球、嗅束(很短)、嗅叶组成,嗅球与嗅囊相接,并经嗅束与大脑相连。大脑中央的纵沟将其分为左、右两个大脑半球,各半球内部具脑室,与嗅球、嗅束的中央腔相通。脑室后方经室间孔与间脑的第三脑室相连。

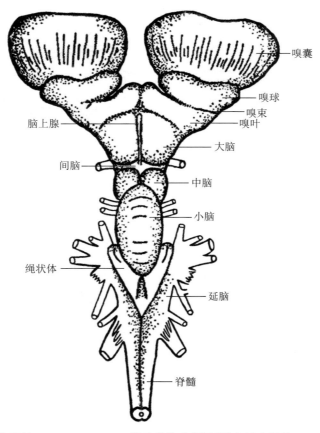

图 6-1　灰星鲨 *M.ustelus griseus* 的脑结构背视图(引自孟庆闻等,1989)

(2)间脑:位于大脑后方凹陷处,被中脑的视叶遮盖,其从背中央向前突出形成细长线状的脑上腺(或称松果体)。间脑内具第三脑室,上丘脑、丘脑和下丘脑附于第三脑室周围。

(3)中脑:由腹面的基部及背面的顶盖两部分组成。顶盖分为两个半球,称为视叶,其内具视叶室与中脑水管相通。

(4)小脑:位于中脑后背方,呈椭圆球形,内具小脑室,与中脑水管、第四脑室相通。

(5)延脑:位于小脑后方,呈三角形,其两侧具一对绳状体。除去背面脉络丛可见三角形凹陷为菱形窝,即第四脑室。延脑后部延伸至椎骨的髓弓内,即为脊髓,两者无明显界限。

2.硬骨鱼类的脑结构

硬骨鱼类的脑结构变异很大,各部分分化明显。一般大脑较小,其腹面的纹状体发达。部分硬骨鱼类具嗅叶,分化为嗅球和嗅束;也有部分硬骨鱼类嗅叶不分化,嗅神经甚长。间脑背面常被发达的中脑视叶覆盖,需从腹面或侧面观察。以虹鳟 *Oncorhynchus mykiss* 为例说明硬骨鱼类的脑结构(图 6-2)。

(1)端脑:包括嗅球和大脑。嗅球连于嗅囊后方,呈圆球形,其前面是许多细短的嗅神经,后面是细长的嗅束,与大脑相连。高等硬骨鱼类嗅叶连于大脑前方,其前方有细长的嗅神经与嗅囊相连,而无嗅球和嗅束。大脑是一对椭圆形的大脑半球,每个半球又可分为几叶,内有公共脑室,是未分化的第一、二侧脑室,其侧壁和底壁增厚为纹状体,脑背壁皮层不

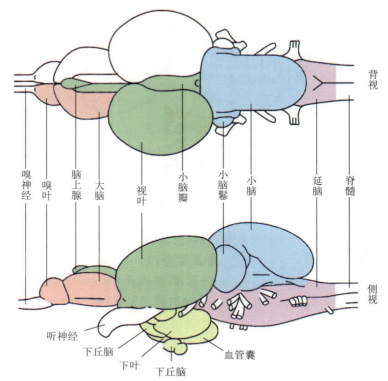

背视

嗅神经　嗅叶　脑上腺　大脑　视叶　小脑瓣　小脑鬈　小脑　延脑　脊髓

侧视

听神经

下丘脑

下叶

下丘脑

血管囊

图 6-2　虹鳟 *Oncorhynchus mykiss* 的脑结构(引自 Kimura et al. ,2010)

含神经细胞。

(2)间脑:位于大脑后方的凹陷部分,常被中脑的一对视叶遮盖,内有第三脑室。

(3)中脑:位于间脑后背方,由一对椭球形视叶组成,小脑瓣伸入两视叶中间。中脑内具中脑腔,它与第三、四脑室相通。

(4)小脑:呈单个椭圆形隆起,位于中脑后方。许多硬骨鱼类的小脑向前方突出小脑瓣并伸入中脑腔,部分鲈形目鱼类在小脑的两侧有耳状或球状突起,称为小脑鬈。

(5)延脑:脑的最后部分,与脊髓无明晰的分界。延脑前部有一个面叶和一对迷走叶。后部延长呈管状,前部较宽扁,后部较窄,背面有脉络膜,除去此膜可见"V"形第四脑室。

3.脑形态与生活习性的关系

中上层鱼类,主要靠视觉觅食,脑特点是视叶发达,纹状体不发达,小脑大或侧叶发达,延脑分化不达。如鳓 *Ilisha elongata*、鲐 *Scomber japonicus*、蓝圆鲹 *Decapterus maruadsi* 等(图 6-3)。

底层鱼类,具发达的纹状体,大脑发达,常有沟纹,小脑较小,延脑发达且常分化,这与具触须和侧线感觉器官发达有关。如暗色沙塘鳢 *Odontobutis obscurus*、日本䲢 *Uranoscopus japonicus* 等(图 6-3)。

4.外周神经系统

外周神经系统包括脑神经和脊神经结构。

(1)脑神经:从脑部发出 10 对脑神经,其中位于端脑部位有 1 对,中脑部位 3 对,延脑部位有 6 对,以大写罗马数字表示神经顺序(图 6-4)。

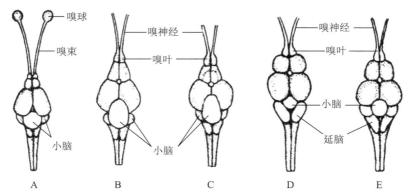

图 6-3　不同习性硬骨鱼类的脑结构（引自孟庆闻等，1987）

A. 鳓 *Ilisha elongata*；B. 鲐 *Scomber japonicus*；C. 蓝圆鲹 *Decapterus maruadsi*；

D. 暗色沙塘鳢 *Odontobutis obscurus*；E. 日本䲢 *Uranoscopus japonicus*

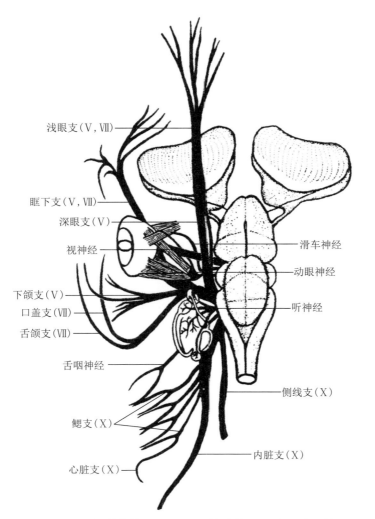

图 6-4　宽尾斜齿鲨 *S. laticaudus* 的脑神经（引自孟庆闻等，1987）

Ⅰ嗅神经:嗅囊和嗅球间有一些细短的神经相连,即是嗅神经,细胞本体在嗅黏膜上。嗅球以较长的轴突与大脑相连,称此为嗅束,而非嗅神经。另一类型是嗅叶未分化为嗅球和嗅束,嗅神经很长,与大脑前方嗅叶相连,为感觉性神经。

Ⅱ视神经:细胞本体在眼球视网膜上。在间脑腹面形成视交叉,然后进入间脑,最终到达中脑,为感觉性神经。

Ⅲ动眼神经:由中脑腹面发出,分出4分支,分别分支到眼球的上直肌、下直肌、内直肌和下斜肌,为运动性神经。

Ⅳ滑车神经:由中脑后背侧发出,到达眼球的上斜肌,为运动性神经。

Ⅴ三叉神经:由延脑前腹侧发出,相当粗大,基部膨大为半月神经节,分为3支,即为混合性神经的浅眼支、上颌支、下颌支。浅眼支,基部与面神经的浅眼支合并,由眼眶背面前延伸至鼻部及吻部皮肤上。上颌支,位于眼眶腹面,分布于眼球周围及鼻部。下颌支,分布至下颌收肌。

Ⅵ外展神经:从延脑腹面发出,是较纤细的神经,分布至眼球的外(后)直肌,为运动性神经。

Ⅶ面神经:起自延脑前侧面,基部与三叉神经和听神经的基部接近,可分4支混合性神经(浅眼支、口盖支、口部支、舌颌支)。浅眼支,与三叉神经基部相并合,向前延伸至吻部背面。口盖支,由腹面发出,向前分布至腭骨的黏膜上。口部支,分布至上颌前部。舌颌支,是最粗大最后面的一支,分布至鳃盖、鳃条骨、舌弓、舌颌骨及下颌上。

Ⅷ听神经:起自延脑侧面,紧靠在面神经的后面,较粗短,分布至内耳,司感觉功能。

Ⅸ舌咽神经:从延脑侧面发出,紧位于听神经之后,折向前方,在第一鳃弓背面膨大成一个神经节,其后方分为3支。其中,最前面的一支分布至口咽腔前部的口盖黏膜上;第二支沿第一鳃弓前面向下延伸至口咽腔后部黏膜上;第三支分布到第一鳃弓上,它又分2小支,一小支分布到第一鳃弓前半鳃的基部,另一小支分布至第一鳃弓的鳃耙及鳃弓黏膜上,是混合性神经。

Ⅹ迷走神经:源于延脑侧面,是脑神经中最后和最粗大的一对,有4分支混合性神经(鳃支、内脏支、侧线支、鳃盖支)。鳃支,为最前面的粗大分支,分布至第一鳃弓后面至第四鳃弓。它又分3小支,每个小支都有一膨大的神经节,每一小支又分出前后2细支,分别延伸至前一鳃弓的后半鳃和后一鳃弓的前半鳃上,称为鳃前支和鳃后支。内脏支,位于鳃支后方,分为2支。一支沿着肩带前方内缘下行穿入围心腔,静脉窦,再分布至心脏,是为心脏支;另一支沿肩带内缘穿入腹腔,分布至食管、肠、肝、鳔等内脏器官。侧线支,是位于最后和最粗大的一支,沿体两侧的水平肌隔向后延伸,有细支分布至侧线上。鳃盖支,在鳃支与内脏支之间,沿主鳃盖骨向下延伸,分布至鳃盖骨内缘的鳃盖膜上。

(2)脊神经:由脊髓发出约36对脊神经,每对脊神经包括一个从脊髓背侧发出的背根和腹侧发出的腹根,背根在未出髓弓前形成膨大的脊神经节。每对脊神经的背根和腹根前后交互排列,在穿出髓弓前相互合并,穿出后分为2支。一为背支,又分2小支,分布至体背部肌肉与皮肤上。另一支为腹支,也分2小支,其中一小支分布至体侧的轴上肌和皮肤上,另一小支分布至轴下肌及皮肤。腹支腹面的小分支发出交通支,与交感神经干的交感神经节相连。

5.交感神经系统

从体腔背面观察,位于背主动脉两侧,可见有两条细长灰白色前后纵行的交感神经干,并有按节排列膨大的交感神经节,与脊神经发出的交通支相连。将鱼体背部肌肉和体腔侧壁肌肉去除,并分段置于盛水培养皿中可进一步观察到交感神经。

(二)感觉器官

1. 皮肤感觉器官

皮肤感觉器官:包括陷器、侧线管和罗伦管系统。

(1)陷器:用于感知水流、水压及盐度变化的皮肤感觉器官,在皮肤表面下陷呈穴状,内具感觉乳突。板鳃鱼类及硬骨鱼类的陷器主要分布于头部和躯干部分(图6-5、图6-6)。

图 6-5 鲨类的陷器(引自孟庆闻等,1987)

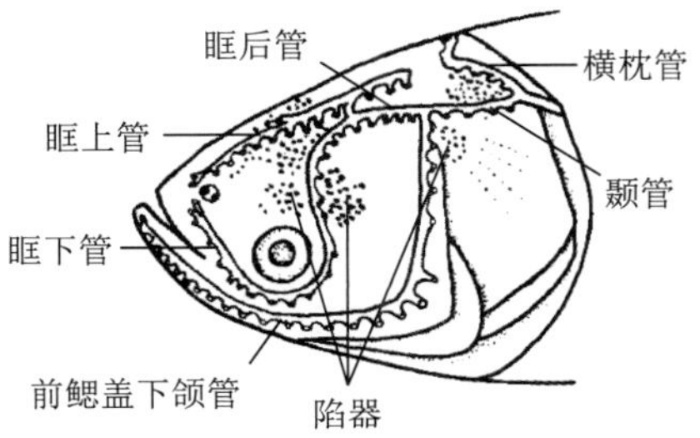

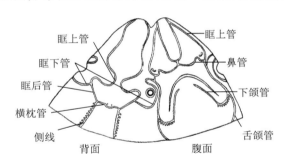

图 6-6 鲢 *Hypophthalmichthys molitrix* 的陷器及侧线管(引自孟庆闻等,1987)

(2)侧线管:为沟状或管状的皮肤感觉器,具有感知水流、水温和测定物体方位、低频声波机能。多数鱼类为闭管式侧线(管状侧线),开放式侧线(沟状侧线)多见于全头亚纲(如黑线银鲛 *Chimaera phantasma*)。

软骨鱼类侧线管主要分布在头后身体两侧,每侧一条,头部侧线管较复杂(图6-7)。

图 6-7 宽尾斜齿鲨 *S. laticaudus* 的侧线管(引自孟庆闻等,1987)

横枕管:位于头背后方,内淋巴管孔稍后方的一条横行管。

眶后管:位于头侧后方的短管,后端与横枕管相连,前端与眶上管、眶下管相接。

眶上管:位于眼后背方,从眶后管与眶下管交界处分出,向前延伸至吻端。

眶下管:始于眶上管和眶后管交界处,位于眼眶下方。

舌颌管:由眶下管向后分出,向腹面延伸。

鼻前管:由背面的眶上管绕过吻端,通到腹面,经过两鼻孔外侧,在鼻孔前方头部腹面正中形成一椭圆形弯曲的鼻前管,此长椭圆形的圈为腹吻圈。

鼻管:由眶上管绕过鼻孔外侧,在鼻孔后方的侧线管,此管正中分出短管与鼻前管相连。

下颌管:位于头腹面,下颌后方,由舌颌管分出,通达下颌下方左右侧。

硬骨鱼类侧线管呈管状,体侧每侧各一条,分布于皮下,头部侧线管分支复杂,管道埋藏在膜骨内(图 6-6、图 6-8)。

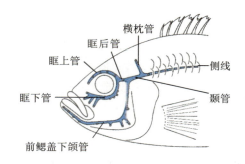

图 6-8　硬骨鱼类的侧线管(引自 Kimura et al.,2010)

眶上管:位于眼眶背面,前达鼻部前端,管道埋在鼻骨、额骨及顶骨中。

眶下管:位于眼眶的下方和后方,管道穿过 6 块眶下骨。

前鳃盖下颌管:位于眶下管的后方,管道穿过舌颌骨、前鳃盖骨,向前经下颌的关节骨至齿骨前部。

眶后管:位于眶下管与前鳃盖舌颌管之间,管道埋在翼耳骨前部。

颞管:自眶后管和前鳃盖舌颌管相交之后,管道穿过翼耳骨后部及鳞片骨中。

横枕管:位于头后背方的横行管,两端连接体侧的侧线管,管道埋在鳞片骨、上耳骨、顶骨和上枕骨内。

(3)罗伦瓮及罗伦管系统:软骨鱼类所特有,为电感受器,有感受水压、水温的作用。根据罗伦瓮是否分为小囊或管以及小囊或管是否纵隔,可分为单囊型、单列多囊型、多列多囊型和六鳃鲨型(图 6-9、图 6-10)。

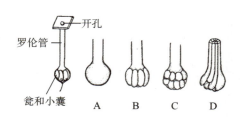

图 6-9　罗伦瓮结构及类型(引自孟庆闻等,1987)
A.单囊型;B.单列多囊型;C.多列多囊型;D.六鳃鲨型

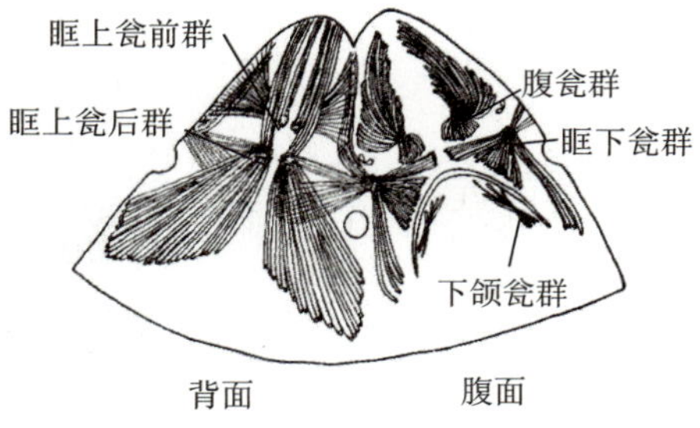

图 6-10　宽尾斜齿鲨 *S. laticaudus* 的罗伦瓮群和管群(引自孟庆闻等,1987)

每个罗伦瓮单元由 3 部分组成:

罗伦瓮:为基部膨大的囊,有神经末梢分布,外观呈乳白色。常集成瓮群。

罗伦管:由罗伦瓮通出的管道,长短不一,个别分散。一般集合成群。

开孔:为罗伦管开口于皮肤外表的通孔。瓮和管内均充满透明的黏液,故又称黏液管。

2.听觉器官

多数鱼类每侧内耳包括上、下两部分。其中,软骨鱼类和硬骨鱼类内耳的主要差异在于前者的内淋巴管可与外界相通，后者的内淋巴管是封闭的（图 6-11、图 6-12）。

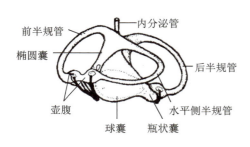

图 6-11 宽尾斜齿鲨 *S. laticaudus* 的内耳
（引自孟庆闻等，1987）

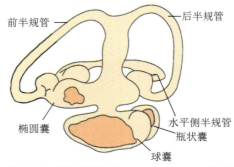

图 6-12 阿尔塔鱥 *Phoxinus phoxinus* 的内耳
（引自 Kimura et al.，2010）

（1）内耳上部

椭圆囊：呈长椭圆形，位于小脑两侧，前部有微耳石，3 个半规管均通入此囊中。

前半规管：与椭圆囊相连，位于前方的为前半规管。

后半规管：位于椭圆囊后方的为后半规管。

水平侧半规管：位于侧面水平位置的为水平侧半规管。

内淋巴管：由椭圆囊延伸的管道，末端为膨大的内淋巴囊。

壶腹：每一半规管一端均膨大呈囊状，内具听嵴。

（2）内耳下部

球囊：位于椭圆囊腹面的囊，内有大型耳石。其腹后端连瓶状囊。

瓶状囊：球囊向后突出的一个小囊，内有小型耳石。瓶状囊为高等脊椎动物耳蜗的前驱。

3. 嗅觉器官

鱼类嗅觉器官为嗅囊，多数鱼类头腹面前部每侧有 2 个鼻孔。其下有长椭圆形的嗅囊，中央有一纵行的嗅轴。其隔膜为中隔，两侧附生平行排列的初级板，每侧约 42 片。在解剖镜下可见每一初级嗅板两侧又分生出许多平行排列的次级嗅板，相邻初级嗅板上的次级嗅板排列呈互生嵌合状。

软骨鱼类的嗅囊开口于头腹面，由鼻瓣将嗅囊间隔为前、后鼻孔。硬骨鱼类的嗅囊多开口于头的眼前方，嗅囊由鼻瓣分为前、后鼻孔（图 6-13、图 6-14）。

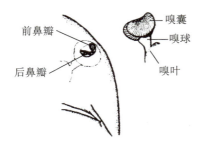

图 6-13 短吻角鲨 *Squalus brevirostris* 的
嗅觉器官（引自孟庆闻等，1987）

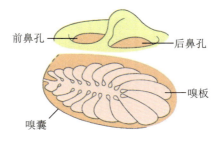

图 6-14 硬骨鱼类的鼻模式图
（引自 Kimura et al.，2010）

4. 视觉器官

软骨鱼类的眼:包括 3 层被膜、晶状体、水状液、玻璃体(图 6-15、图 6-16)。

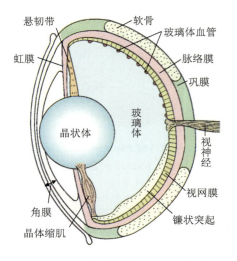

图 6-15   硬骨鱼类的眼纵剖面结构
(引自 Kimura et al.,2010)

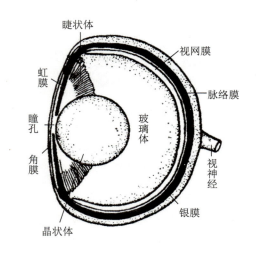

图 6-16   宽尾斜齿鲨 *S. laticaudus* 的眼纵
剖面结构(引自孟庆闻等,1987)

(1)角膜与巩膜:角膜为眼球外露部分,透明扁平薄膜状,为眼入光处。其后方为坚厚不透明的巩膜,由致密纤维结缔组织和透明软骨组成。

(2)脉络膜:紧贴膜内面,内含丰富的血管及色素细胞,此膜又分血管层、色素层、银膜层。血管层与色素层在外观上不易区别,均呈深褐色;银膜层呈银白色,有强烈的反光作用。脉络膜向前延伸形成虹膜,中央的纵缝即是瞳孔。

(3)视网膜:为眼球最内一层,新鲜时透明无色,前达虹膜后缘。内层有感觉细胞分布,外层分布神经细胞,其轴突集中形成神经纤维群,出视网膜后,即为视神经。

(4)晶状体:位于瞳孔后方,为无色透明的球体,具有透镜作用,能聚集外来光线通过晶状体折射后集中到视网膜上,产生视觉。以晶状体为界,将眼球内腔分为前眼房和后眼房。

(5)水状液:充满前眼房的透明液体,使角膜紧张而平滑。

(6)玻璃体:是充满后眼房的透明胶状体,能固定视网膜的位置。

(7)悬韧带:位于视网膜前端,是无数透明胶样纤维,辐射伸向晶状体,附于薄而具弹性的晶体囊外膜上,一端悬系于睫状突上。

(8)晶体缩肌:位于晶状体腹前方的肌肉。收缩时可使晶状体向前移动,拉近角膜,适于近视;肌肉宽息时,使晶状体远离角膜,适于远视。

硬骨鱼类眼的基本构造与软骨鱼类相似,不同之处在于:

脉络腺:除去巩膜可见脉络膜背方有马蹄形的红色突出环状物,围绕着视神经,此即脉络腺,由毛细血管聚集而成。

镰状突起:位于后眼房腹面视网膜上,突出呈镰刀状的透明薄膜,向前伸达晶状体的后下方。

晶体缩肌(铃状体):附于晶状体后方的小块肌肉,起点附在镰状突前方,收缩时将晶状体向后拉,可看清远处物体。

（三）内分泌器官

1. 脑垂体

在软骨鱼类的脑腹面，视神经后方中央椭圆形突出部分为脑垂体前叶，其后方突向腹面为脑垂体腹叶。硬骨鱼类的脑垂体位于脑腹面视交叉后方中央的粉红色颗粒，其基部是漏斗和间脑相通，脑垂体嵌藏在左右前耳骨合成的一个凹窝内，可用镊子轻轻提取进行观察（图6-17、图6-18）。

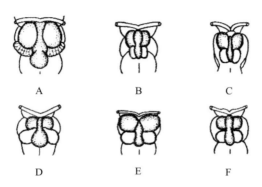

图6-17 板鳃鱼类的脑垂体（引自孟庆闻等，1987）

A. 条纹斑竹鲨 *Chiloscyllium plagiosum*；B. 宽尾斜齿鲨 *S. laticaudus*；

C. 白斑角鲨 *Squalus acanthias*；D. 何氏瓮鳐 *Okamejei hollandi*；

E. 光𫚉 *Hemitrygon laevigata*；Ｆ. 丁氏双鳍电鳐 *Narcine timlei*

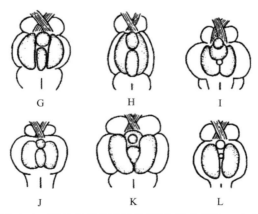

图6-18 硬骨鱼类的脑垂体（引自孟庆闻等，1987）

G. 黄鲫 *Setipinna taty*；H. 灰海鳗 *Muraenesox cinereus*；I. 鲢 *H. molitrix*；

J. 中国花鲈 *L. maculatus*；K. 大黄鱼 *L. crocea*；

L. 棕斑兔头鲀 *Lagocephalus spadiceus*

2. 甲状腺

软骨鱼类的甲状腺多为圆形扁平体（图6-19），外包有结缔组织被膜，位于基舌软骨腹面凹窝内，在喙舌肌和喙颌肌之间。硬骨鱼类的甲状腺则是一群分散的透明腺体（图6-20），主要分布在腹侧主动脉两侧。

图 6-19　灰星鲨 *M. griseus* 的甲状腺
（引自孟庆闻等，1987）

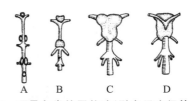

图 6-20　硬骨鱼类的甲状腺（引自孟庆闻等，1987）
A. 中国花鲈 *L. maculatus*；B. 鲐 *S. japonicus*；
C～D. 条石鲷 *Oplegnathus fasciatus*（C 为背面、D 为腹面）

3. 肾上腺

鱼类肾上腺的皮质和髓质部是分开的两种不同类型的组织，即肾上组织和肾间组织。软骨鱼类的肾上组织（髓质部）在肾脏背面分节排列（图 6-21），与交感神经节和血管紧密相邻。肾间组织相当于高等脊椎动物的皮质部，新鲜时为橘黄色，位于左右两肾脏之间，呈不规则条状。硬骨鱼类的肾上腺位于肾脏后端背侧，为呈球形或卵圆形粉红色的一对小体，组织结构与肾间组织有类似之处，又称斯坦尼斯小体（图 6-22）。

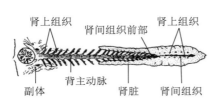

图 6-21　白斑角鲨 *Squalus acanthias* 的肾上
腺（引自孟庆闻等，1987）

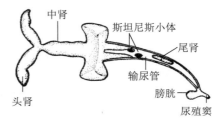

图 6-22　鲫 *Carassius auratus* 的斯坦尼斯小
体（引自孟庆闻等，1987）

4. 胸腺

鱼类鳃腔背方具胸腺，软骨鱼类具 4～6 对胸腺原基，呈扁平圆形粉红色腺体，位于上眼睑缩肌的背上方和背缩肌的前背方之间。硬骨鱼类的一对胸腺最为明显，位于第四鳃弓背面，鳃腔背部，被鳃盖骨遮盖，除去部分翼耳骨和鳃盖收肌可见扁平椭圆形腺体（图 6-23）。

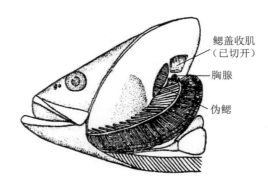

图 6-23　中国花鲈 *L. maculatus* 的胸腺（引自孟庆闻等，1987）

5. 胰岛

鱼类的胰脏为不结实的块状器官，一般分散分布，同时其内部具胰岛，主要分散在外分泌细胞间。软骨鱼类的胰岛细胞埋藏于胰组织内,与胰小管密切相关,从胰脏组织切片中方可见到胰岛细胞。硬骨鱼类的胰岛细胞埋藏在肝脏中,故称肝胰脏。多数硬骨鱼类的胰岛存于胆囊、输胆管、幽门盲囊及小肠周围,新鲜时呈粉红色小圆颗粒。

6. 性腺

性腺是指产生精子和卵子的精巢和卵巢,也是主要的内分泌器官,其分泌的性激素直接或间接地作用于生殖和生长方面。精巢产生雄性激素,卵巢产生雌性激素,这些性激素的产生由垂体的促性腺激素控制。

五、作业与思考

1. 绘制实验鱼的脑结构图和头部的感觉器官,并说明脑各部分的主要机能。
2. 试述栖息不同水层鱼类的脑形态特征与其生活习性间的关系。
3. 试述鱼类的眼球和内耳的结构及机能,并比较软骨鱼类与硬骨鱼类的异同点。
4. 试述鱼类各内分泌器官分泌的激素及对应的功能作用,并概述各内分泌器官间的相互关系。

实验 7

鲨形总目的分类

一、实验目的

1. 通过实验了解软骨鱼纲鲨形总目的形态特征和分类单元,掌握主要目、科、属、种的分类依据。

2. 认识鲨形总目的常见种,学会使用分类检索表,掌握鲨类的物种鉴定方法。

二、实验材料和工具

1. 六鳃鲨目 Hexanchiformes 的七鳃鲨属 *Heptranchias*,虎鲨目 Heterodontiformes 的虎鲨属 *Heterodontus*,须鲨目 Orectolobiformes 的斑竹鲨属 *Chiloscyllium*,真鲨目 Carcharhiniformes 的绒毛鲨属 *Cephaloscyllium*、星鲨属 *Mustelus*、斜齿鲨属 *Scoliodon*、斜锯牙鲨属 *Rhizoprionodon*、真鲨属 *Carcharhinus*、双髻鲨属 *Sphyrna*,锯鲨目 Pristiophoriformes 的锯鲨属 *Pristiophorus* 等鱼类的福尔马林浸制标本。

2. 解剖盘,镊子,放大镜,刻度尺。

三、实验方法

1. 将实验鱼标本展放在解剖盘内,根据各目的形态鉴别特征将标本归类放置。

2. 依据检索表描述对各目的实验鱼标本进行物种鉴定。

3. 对于依据检索表难以鉴定的实验鱼标本,用放大镜和镊子仔细观察标本的牙齿、鼻口沟、唇褶等细小部位的形态构造,并进行可数和可量性状测定,将所得形态数据与分类工具书进一步核对确认。

4. 对实验鱼标本进行拍照、编号整理和记录实验结果。

四、实验内容

(一)鲨形总目分类概述

鲨形总目(或称侧孔总目)Selachomorpha 隶属于软骨鱼纲 Chondrichthyes、板鳃亚纲 Elasmobranchii。其眼和鳃孔位于头侧位,眼缘游离。胸鳍前缘不与体侧和头侧相连,体常为纺锤形。本总目在中国沿海分布有 9 目 31 科 65 属 144 种,部分种类具有较高的药用价值和经济价值。各目的主要分类特征如下:

1. 六鳃鲨目 Hexanchiformes:鳃孔 6～7 对,背鳍 1 个,具臀鳍。

2. 虎鲨目 Heterodontiformes：鳃孔 5 对，具鼻口沟，背鳍 2 个，均具硬棘，具臀鳍。

3. 鲭鲨目（鼠鲨目）Lamniformes：鼻孔无鼻须或鼻口沟，无瞬膜或瞬褶，背鳍无硬棘，具臀鳍。

4. 须鲨目 Orectolobiformes：鼻孔具鼻口沟或开口于口内，具一鼻须或皮须，无瞬膜和瞬褶，具臀鳍。

5. 真鲨目 Carcharhiniformes：具瞬褶或瞬膜，背鳍无硬棘，具臀鳍。

6. 棘鲨目 Echinorhiniformes：背鳍无硬棘，第一背鳍起点位于腹鳍起点之后，无臀鳍。

7. 角鲨目 Squaliformes：背鳍无硬棘，第一背鳍起点位于腹鳍起点之前，无臀鳍。

8. 扁鲨目 Squatiniformes：体扁平，无臀鳍。

9. 锯鲨目 Pristiophoriformes：吻呈锯状突出，无臀鳍。

（二）六鳃鲨目、虎鲨目、须鲨目、锯鲨目实验鱼标本的物种检索表

1（17）具臀鳍

2（6）鳃孔 6～7 对；背鳍 1 个 ·················· 六鳃鲨目 Hexanchiformes

3（2）第一鳃孔不在喉部左右相连；上下颌齿异型，下颌侧齿宽扁呈梳状 ··············
················· 六鳃鲨科 Hexanchidae

4（3）鳃孔 7 对；头狭长；吻尖突 ·················· 七鳃鲨属 Heptranchias

5（4）臀鳍起点在背鳍基部后端下方 ·················· 尖吻七鳃鲨 Heptranchias perlo

6（2）鳃孔 5 对；背鳍 2 个

7（11）背鳍前具一硬棘 ·················· 虎鲨目 Heterodontiformes

8（7）头高近似方形；背鳍 2 对，各具一硬棘 ·················· 虎鲨科 Heterodontidae

9（8）鼻孔具扁厚鼻瓣；口狭小，两侧具宽扁唇褶 ·················· 虎鲨属 Heterodontus

10（9）臀鳍距尾鳍基部为臀鳍基底长 2 倍以上，体侧具较狭暗色横纹 ··············
················· 狭纹虎鲨 Heterodontus zebra

11（7）背鳍前无硬棘

12（11）眼无瞬膜或瞬褶 ·················· 须鲨目 Orectolobiformes

13（12）尾鳍长短于尾鳍前体长；臀鳍起点在第二背鳍起点之后 ··············
················· 长尾须鲨科 Hemiscylliidae

14（13）前鼻瓣具一鼻须；齿细小，中齿头部呈三角形 ········· 斑竹鲨属 Chiloscyllium

15（16）背鳍后缘圆凸，下角不突出；背鳍与腹鳍近等大；第一背鳍起点在腹鳍基部中后方 ·················· 条纹斑竹鲨 Chiloscyllium plagiosum

16（15）背鳍后缘凹入，下角尖突；背鳍大于腹鳍；第一背鳍起点在腹鳍基部前方 ······
················· 点纹斑竹鲨 Chiloscyllium punctatum

17（1）无臀鳍；吻很长，锯状突出，两侧具锯齿 ········· 锯鲨目 Pristiophoriformes

18（17）吻突出成剑状；吻的腹面具扁长皮须 1 对 ··············
················· 日本锯鲨 Pristiophorus japonicus

1. 尖吻七鳃鲨 Heptranchias perlo（图 7-1）：隶属六鳃鲨目、六鳃鲨科、七鳃鲨属。体背侧面暗褐色，背鳍顶端和尾鳍末端灰黑色。头狭长，吻尖突。无瞬膜，无鼻口沟。鳃孔 7 对。下颌隅角具唇褶，上颌无唇褶。背鳍 1 个，无硬棘，位于腹鳍后方。臀鳍起点位于背鳍基部后端下方。中国东海、南海有分布。

图 7-1　尖吻七鳃鲨 *Heptranchias perlo*

2. 狭纹虎鲨 *Heterodontus zebra*（图 7-2）：隶属虎鲨目、虎鲨科、虎鲨属。体淡黄色，体侧具宽狭交叠的深褐色横带。体前部粗大，头短，吻钝。口狭小，两侧具宽扁唇褶。鼻孔具扁厚鼻瓣。头顶狭窄，眶上嵴突明显。臀鳍距尾鳍基部为臀鳍基底长 2 倍以上。中国东海、南海有分布。

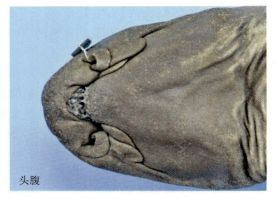

图 7-2　狭纹虎鲨 *Heterodontus zebra*

3. 条纹斑竹鲨 *Chiloscyllium plagiosum*（图 7-3）：隶属于须鲨目、长尾须鲨科、斑竹鲨属。体灰褐色，侧面具 12～13 条暗色横纹。口平横，下唇宽扁，具连续横褶。眼小，无瞬膜。前鼻瓣具一鼻须。背鳍后缘圆凸，下角钝。第一背鳍起点与腹鳍基部中后方相对，二者大小相近。中国东海、南海有分布。

图 7-3　条纹斑竹鲨 *Chiloscyllium plagiosum*

4. 点纹斑竹鲨 Chiloscyllium punctatum（图7-4）：隶属于须鲨目、长尾须鲨科、斑竹鲨属。体浅黄褐色，侧面具11条棕褐色横纹，体上和鳍上常具许多暗褐色小斑。口平横，下唇宽扁，具连续横褶。眼小，无瞬膜。前鼻瓣具一鼻须。背鳍后缘凹入，下角尖突。第一背鳍起点与腹鳍基部前方相对，第一背鳍大于腹鳍。中国东海、南海有分布。

图7-4　点纹斑竹鲨 *Chiloscyllium punctatum*

5. 日本锯鲨 Pristiophorus japonicus（图7-5）：隶属于锯鲨目、锯鲨科、锯鲨属。体灰褐色，侧线淡白色，吻上具2条暗褐色纵纹。体延长，前部稍宽扁，呈亚圆筒形。眼侧上位，椭圆形，具瞬褶。吻平扁，很延长，突出成剑状，吻端钝圆。在吻的腹面中间稍后近边缘处，具扁长皮须1对。中国黄海、东海和南海有分布。

图7-5　日本锯鲨 *Pristiophorus japonicus*

（三）真鲨目实验鱼标本的物种检索表

1(18) 头的额骨区正常，不向左右两侧突出

2(10) 齿细小，2～6行在使用；下眼睑上部分化为瞬褶；喷水孔显著

3(6) 第一背鳍位于腹鳍上方或后方 …………………………… 猫鲨科 Scyliorhinidae

4(3) 尾鳍上缘或尾柄中央均无扩大盾鳞；上、下颌唇褶退化或消失 …………………
……………………………………………………………… 绒毛鲨属 *Cephaloscyllium*

5(4)第一背鳍前方具4个横斑 ……………… 沙捞越绒毛鲨 *Cephaloscyllium sarawakensis*

6(3)第一背鳍位于腹鳍前或胸鳍和腹鳍之间 ……………………… 皱唇鲨科 Triakidae

7(6)齿平扁,铺石状排列,齿头退化或消失 ……………………… 星鲨属 *Mustelus*

8(9)体具白色斑点 ………………………………………………… 白斑星鲨 *Mustelus manazo*

9(8)体无白色斑点;第一背鳍起点与胸鳍内角上方相对,且靠近腹鳍;上唇褶短于或等于下唇褶 ……………………………………………………………… 灰星鲨 *Mustelus griseus*

10(2)齿侧扁且大,1~3行在使用;瞬膜发达;喷水孔细小或无 ……………………………………………………………………………… 真鲨科 Carcharhinidae

11(16)上下颌齿较倾斜,边缘光滑,基底无小齿头

12(14)头很平扁;胸鳍宽与前缘长几相等;第一背鳍后端位于腹鳍基部中点上方 …… ………………………………………………………………………… 斜齿鲨属 *Scoliodon*

13(12)第二背鳍起点距臀鳍起点的距离为体长的6.0%~9.1% …………………………………………………………… 大吻斜齿鲨 *Scoliodon macrorhynchos*

14(12)头圆锥形或稍平扁;胸鳍宽度短于前缘长;第一背鳍后端位于腹鳍起点前上方 ………………………………………………………… 斜锯牙鲨属 *Rhizoprionodon*

15(14)上唇褶不发达 ………………… 短鳍斜锯牙鲨 *Rhizoprionodon oligolinx*

16(11)口闭时齿不外露;上下颌齿或上颌齿边缘具细锯齿 …… 真鲨属 *Carcharhinus*

17(16)两背鳍间具纵嵴,其间距为第一背鳍高的3倍多 ……………………………… ………………………………………………… 镰状真鲨 *Carcharhinus falciformis*

18(1)头的额骨区向左右两侧突出,眼位于突出的两端 ……… 双髻鲨科 Sphyrnidae

19(18)头侧突起宽,不呈翼状;头前缘无结节状突起 ……… 双髻鲨属 *Sphyrna*

20(19)吻短中央凹入;臀鳍基底长大于第二背鳍基底 …… 路氏双髻鲨 *Sphyrna lewini*

6. 沙捞越绒毛鲨 *Cephaloscyllium sarawakensis*（图7-6）：隶属于真鲨目、猫鲨科、绒毛鲨属。体黄褐色,体侧具4~5个黑色圆斑。成鱼第一背鳍前具2个深褐色鞍状斑,幼鱼则具3个。头宽大而平扁。吻短钝。口宽大,弧形,前鼻瓣呈三角形,唇褶退化。眼侧位,狭长而两端尖,具瞬褶。中国东海、南海有分布。

图7-6 沙捞越绒毛鲨 *Cephaloscyllium sarawakensis*

7. 灰星鲨 *Mustelus griseus*（图 7-7）：隶属于真鲨目、皱唇鲨科、星鲨属。体灰褐色，体无斑点。眼中大，椭圆形，瞬褶发达。口弧形，唇褶发达，上唇褶短于或等于下唇褶。第一背鳍起点与胸鳍内角上方相对，且靠近腹鳍。中国黄海、东海和南海有分布。

图 7-7 灰星鲨 *Mustelus griseus*

8. 白斑星鲨 *Mustelus manazo*（图 7-8）：隶属于真鲨目、皱唇鲨科、星鲨属。体灰褐色，体背侧面具许多白色斑点。眼中大，椭圆形，瞬褶发达。喷水孔小，位于眼后。口弧形，唇褶发达，上唇褶长于下唇褶。第一背鳍起点位于胸鳍内角前上方。中国黄海、东海和南海有分布。

图 7-8 白斑星鲨 *Mustelus manazo*

9. 镰状真鲨 *Carcharhinus falciformis*（图 7-9）：隶属于真鲨目、真鲨科、真鲨属。体背侧面暗灰色，各鳍均呈灰黑色。体延长，躯干较粗大，头、尾渐尖细。头扁平，瞬膜发达。两背鳍间具纵嵴，两背鳍间距为第一背鳍高的 3 倍以上。第二背鳍起点与臀鳍起点相对。胸鳍较大，呈镰形。中国东海、南海有分布。

10. 短鳍斜锯牙鲨 *Rhizoprionodon oligolinx*（图 7-10）：隶属于真鲨目、真鲨科、斜锯牙鲨属。体背和上侧面灰褐色。体延长，头平扁。吻颇长，前缘钝尖，侧视尖突。齿宽扁，边缘光滑，齿头向外。上唇褶不发达，只见于口隅。胸鳍稍小于第一背鳍，其长大于宽。中国南海有分布。

图 7-9　镰状真鲨 *Carcharhinus falciformis*

图 7-10　短鳍斜锯牙鲨 *Rhizoprionodon oligolinx*

11. 大吻斜齿鲨 *Scoliodon macrorhynchos*（图 7-11）：隶属于真鲨目、真鲨科、斜齿鲨属。眼圆形，瞬膜发达。喷水孔消失。口宽大，深弧形，唇褶不发达。第二背鳍小于臀鳍，其起点位于臀鳍起点后。第二背鳍起点至臀鳍起点的距离为体长的 6.0%～9.1%，是第二背鳍基底长的 1.3～2.5 倍。中国东海、南海有分布。

12. 路氏双髻鲨 *Sphyrna lewini*（图 7-12）：隶属于真鲨目、双髻鲨科、双髻鲨属。体背和侧面灰褐色，腹面白色。头前缘无结节状突起。头前部扁平，两侧突出扩展成锤状突出。眼圆形，瞬膜发达，位于头侧两端。吻短中央凹入，里鼻沟明显。鼻孔短，小于口宽的 1/2。臀鳍基底长大于第二背鳍基底。中国黄海、东海和南海有分布。

图 7-11　大吻斜齿鲨 *Scoliodon macrorhynchos*

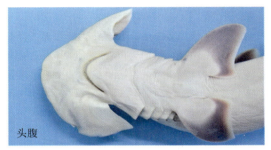

图 7-12　路氏双髻鲨 *Sphyrna lewini*

五、作业与思考

1. 绘制实验鱼标本的物种外形图，简述其主要形态特征。
2. 根据实验鱼标本的物种鉴定结果和分类特征编制相应的检索表。
3. 鲨形总目各目之间的分类依据有哪些？其系统进化关系又如何？
4. 鲨形总目鱼类的分类难点和要点有哪些？

实验 8

鳐形总目的分类

一、实验目的

1. 通过实验了解软骨鱼纲鳐形总目的形态特征和分类单元，掌握主要目、科、属、种的分类依据。

2. 认识鳐形总目常见种，熟悉分类检索表的应用，掌握鳐类的物种鉴定方法。

二、实验材料和工具

1. 电鳐目 Torpediniformes 的双鳍电鳐科 Narcinidae，鳐形目 Rajiformes 的团扇鳐科 Platyrhinidae、犁头鳐科 Rhinobatidae、鳐科 Rajidae，鲼形目 Myliobatiformes 的𫚉科 Dasyatidae、燕𫚉科 Gymnuridae、鲼科 Myliobatidae、鳐鲼科 Aetobatidae 等鱼类的福尔马林浸制标本。

2. 解剖盘，镊子，放大镜，一次性手套，刻度尺。

三、实验方法

1. 将实验鱼标本展放在解剖盘内，根据各目的形态鉴别特征将标本简单归类。

2. 依据检索表描述对各目的实验鱼标本进行物种鉴定。

3. 对于难鉴定的实验鱼标本，用放大镜和镊子仔细观察口底乳突、表皮结刺、尾端皮瓣等细小部位的形态构造，并进行可数和可量性状测定，将所得形态特征与分类工具书进一步核对确认。

4. 对实验鱼标本进行拍照、编号整理和记录实验结果。

四、实验内容

(一)鳐形总目分类概述

鳐形总目（或称下孔总目）Batomorpha 隶属于软骨鱼纲 Chondrichthyes、板鳃亚纲 Elasmobranchii。其鳃孔腹位，胸鳍前缘与头侧相连，体扁而宽，常为菱形或盘形。本总目分布于中国沿海有 4 目 14 科 34 属 83 种，多栖息于深海底层水域。各目的主要分类特征如下：

1. 电鳐目 Torpediniformes：吻正常，头侧与胸鳍间有大型发电器官。

2. 锯鳐目 Pristiformes：吻特延长，呈剑状突出，侧缘具 1 行大吻齿。

3. 鳐形目 Rajiformes：吻正常，尾粗大，背鳍 2 个或无，无尾刺。

4. 鲼形目 Myliobatiformes：吻正常，尾细长呈鞭状，背鳍 1 个，常具尾刺。

（二）电鳐目、鳐形目实验鱼标本的物种检索表

1(5) 头侧与胸鳍间具大型发电器官 ·············· 电鳐目 Torpediniformes

2(1) 口小，浅弧形；齿带附着于颌骨表皮 ·············· 双鳍电鳐科 Narcinidae

3(2) 背鳍 2 个；口和唇周围有一深沟 ·············· 双鳍电鳐属 *Narcine*

4(3) 第一背鳍起点与腹鳍后端相对；体表密具细小斑点和黑色大斑块 ··············

·············· 黑斑双鳍电鳐 *Narcine maculata*

5(1) 头侧与胸鳍间无大型发电器官；尾较粗大；背鳍 2 个；无尾刺 ··············

·············· 鳐形目 Rajiformes

6(13) 腹鳍正常，前部不分化为足趾状结构

7(6) 体盘宽大，团扇形；胸鳍向前延伸至吻端 ·············· 团扇鳐科 Platyrhinidae

8(7) 唇褶不发达，背鳍 2 个，大小相似；尾叶发达 ·············· 团扇鳐属 *Platyrhina*

9(8) 背部和尾部具一纵行结刺；第一背鳍起点距腹鳍基底较距尾鳍基底近 ··············

·············· 汤氏团扇鳐 *Platyrhina tangi*

10(7) 体盘中等大，近似鲨形或盘形；胸鳍小，不延伸至吻端；第一背鳍位于腹鳍后方 ···

·············· 犁头鳐科 Rhinobatidae

11(10) 吻长而平扁，三角形突出 ·············· 犁头鳐属 *Rhinobatos*

12(11) 口前吻长为口宽的 2.8～3 倍；体背正中结刺微小 ··············

·············· 斑纹犁头鳐 *Rhinobatos hynnicephalus*

13(6) 腹鳍前部分化为足趾状结构；背鳍 2 个 ·············· 鳐科 Rajidae

14(13) 吻端无丝状突出；腹面仅吻区具小刺 ·············· 瓮鳐属 *Okamejei*

15(14) 体背密布小黑点，不呈蔷薇状斑块 ·············· 何氏瓮鳐 *Okamejei hollandi*

1. 黑斑双鳍电鳐 *Narcine maculata*（**图 8-1**）：隶属电鳐目、双鳍电鳐科、双鳍电鳐属。体背褐色，鲜活时背部具圆形暗色小点和大型黑色斑块。体盘宽大，亚圆形，体盘宽比体盘长大。体盘前端稍尖形，前缘、后缘、里缘连续成弧形。第一背鳍起点与腹鳍基部后端相对。中国东海、南海有分布。

背面　　　　　　　　　　　　　　　腹面

图 8-1　黑斑双鳍电鳐 *Narcine maculata*

2. 汤氏团扇鳐 *Platyrhina tangi*（**图 8-2**）：隶属于鳐形目、团扇鳐科、团扇鳐属。体背棕褐色，鲜活时结刺基底呈橙黄色。体盘宽为体盘长的 1.2～1.3 倍，肩区部最宽，前后渐狭。前鼻瓣中具一舌状突出，略伸入鼻间隔区域。体背和尾部具一纵行结刺。第一背鳍起点距离腹鳍基部比距尾鳍基部近。中国沿海均有分布。

背面　　　　　　　　　　　　腹面

图 8-2　汤氏团扇鳐 *Platyrhina tangi*

3. 斑纹犁头鳐 *Rhinobatos hynnicephalus*（图 8-3）：隶属于鳐形目、犁头鳐科、犁头鳐属。鲜活时体背褐色，密布暗褐色斑点及晴状、条状或蠕虫状花纹。吻呈三角形，前端圆钝，侧缘斜直或微凹。前鼻瓣转入鼻间隔区，口前吻长为口宽的 2.6～3 倍。中国沿海均有分布。

背面　　　　　　　　　　　　腹面

图 8-3　斑纹犁头鳐 *Rhinobatos hynnicephalus*

4. 何氏瓮鳐 *Okamejei hollandi*（图 8-4）：隶属于鳐形目、鳐科、瓮鳐属。体背黄褐色，散布暗褐色小点，不聚集为蔷薇状，胸鳍后角具一多环眼状斑。体盘前部斜方形，后部圆形，前缘几斜直。眶上和喷水孔上的结刺微小，尾部结刺 3～5 行。两背鳍间距大于第一背鳍基底长，背鳍后尾长大于第二背鳍基底长。中国东海、南海有分布。

背面　　　　　　　　　　　　腹面

图 8-4　何氏瓮鳐 *Okamejei hollandi*

（三）鲼形目实验鱼标本的物种检索表

1（14）胸鳍前部不分化为吻鳍或头鳍；胸鳍后缘圆凸

2（11）体盘宽小于体盘长的 1.3 倍；无背鳍 ·················· 魟科 Dasyatidae

3（5）口底乳突 2 个；尾具黑色和白色条纹；眼间隔具暗横带 ······ 新魟属 Neotrygon

4（3）吻不延长，尖突 ······························ 古氏新魟 Neotrygon kuhlii

5（3）口底乳突多于或少于 2 个；尾无条纹；眼间隔无暗横带

6（8）口底无乳突；吻延长尖突 ···················· 泰拉魟属 Telatrygon

7（6）体盘前缘凹入；吻长等于体盘长的 1/3 或稍大 ······· 尖嘴魟 Telatrygon zugei

8（6）口底乳突 3 个或以上；体背具结刺 ·············· 半魟属 Hemitrygon

9（10）口底乳突 3～5 个；尾长为体盘长的 3 倍 ······· 黄魟 Hemitrygon bennettii

10（9）口底乳突 3～7 个；尾长为体盘长的 3 倍以下 ······ 赤魟 Hemitrygon akajei

11（2）体盘宽大于体盘长的 1.5 倍；背鳍有或无 ······· 燕魟科 Gymnuridae

12（11）无背鳍；具尾刺 ························ 燕魟属 Gymnura

13（12）尾长为体盘长的 1/2；体背具黑色小斑和大型斑块 ····· 日本燕魟 Gymnura japonica

14（1）胸鳍前部分化为吻鳍或头鳍；胸鳍后缘凹入

15（17）吻鳍与胸鳍在头侧相连或分离；上下颌齿各 7 行；尾刺有或无 ·············
··· 鲼科 Myliobatidae

16（15）胸鳍与吻鳍在头侧分离；无尾刺 ··········· 无刺鲼属 Aetomylaeus

17（15）吻鳍与胸鳍在头侧分离；上下颌齿各 1 行；具尾刺 ······ 鹞鲼科 Aetobatidae

18（17）口底显著乳突约 10 个，细小乳突 10 余个；尾刺 1～2 个 ····· 鹞鲼属 Aetobatus

19（20）吻较短而宽钝；口底乳突 2 行，后行具显著乳突 7～9 个，前行具细小乳突 2 个；
体密布白色或蓝色斑点 ···················· 纳氏鹞鲼 Aetobatus narinari

20（19）吻较长而狭尖；口底具细小乳突 1 行，约 15～16 个；体纯褐色 ·············
·· 无斑鹞鲼 Aetobatus flagellum

5. 赤魟 Hemitrygon akajei（图 8-5）：隶属于鲼形目、魟科、半魟属。体背赤褐色，眼下、喷水孔上侧及尾两侧赤黄色。体盘亚圆形，体盘宽约为体盘长的 1.2 倍。吻呈短圆锥状突出。口底具显著乳突 3 个，外侧各具细小乳突 1 个。尾长为体盘长的 2～2.7 倍，尾具上皮褶。体背具一纵行结刺，其左右两侧各具两短行结刺。中国东海、南海有分布。

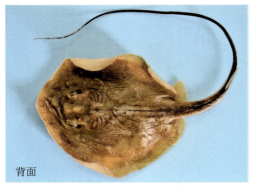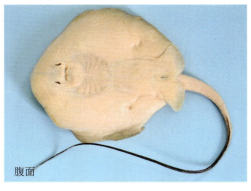

背面　　　　　　　　　　　　　　　　　　　　　腹面

图 8-5　赤魟 Hemitrygon akajei

6. 黄魟 *Hemitrygon bennettii* (图 8-6)：隶属于鲼形目、魟科、半魟属。体背黄褐色或灰褐色，有时具云状暗色斑块。体盘亚圆形，略似斜方形，体盘宽为体盘长的 1.1 倍。吻颇尖，微突出。口底中部具显著乳突 3 个，外侧各具细小乳突 1 个。尾长为体盘长的 2.7～3 倍，尾无上皮褶。中国东海、南海有分布。

图 8-6　黄魟 *Hemitrygon bennettii*

7. 古氏新魟 *Neotrygon kuhlii* (图 8-7)：隶属于鲼形目、魟科、新魟属。体背褐色，具蓝色斑点。尾部暗褐色，其后端具白色环纹。体盘斜方形，体盘宽为体盘长的 1.4～1.5 倍。吻端圆钝，不突出。口底中部具显著乳突 2 个。尾长为体盘长的 1.3～1.5 倍，上皮膜短而明显，下皮膜接近尾端。中国东海、南海有分布。

图 8-7　古氏新魟 *Neotrygon kuhlii*

8. 尖嘴魟 *Telatrygon zugei* (图 8-8)：隶属于鲼形目、魟科、泰拉魟属。体背呈赤褐色或灰褐色。体盘圆形带斜方形，前缘凹入。吻长而尖，显著突出。口小，弯曲，口底无乳突。尾长为体盘长的 1.5～2 倍，上下皮膜延长，几伸达尾后端。中国黄海、东海、南海均有分布。

图 8-8　尖嘴魟 *Telatrygon zugei*

9. 日本燕𫚉 *Gymnura japonica*（图 8-9）：隶属于鲼形目、燕𫚉科、燕𫚉属。体背暗褐色，具黑色小斑和大型斑块。尾具黑色横纹，在尾刺后 6～7 条和最后 2～3 条围成环纹。体盘宽大，前缘波曲。体盘宽为体盘长的 2.1～2.2 倍。尾长约为体盘长的 1/2。口底无乳突。无背鳍。中国沿海均有分布。

图 8-9　日本燕𫚉 *Gymnura japonica*

10. 无斑鳐鲼 *Aetobatus flagellum*（图 8-10）：隶属于鲼形目、鳐鲼科、鳐鲼属。体背暗褐色，无白色或蓝色斑点。体盘宽为体盘长的 1.7～1.8 倍。尾长为体盘长的 3.5～4 倍。吻狭长，三角形，前端钝尖，向头前下斜。口底具细小乳突 1 行，15～16 个。中国东海、南海有分布。

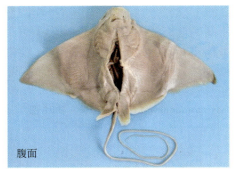

图 8-10　无斑鳐鲼 *Aetobatus flagellum*

11. 纳氏鳐鲼 *Aetobatus narinari*（图 8-11）：隶属于鲼形目、鳐鲼科、鳐鲼属。体背暗褐色或赤褐色，胸鳍、腹鳍和背鳍上具白色或蓝色斑点。体盘宽约为体盘长的 2 倍。尾长约为体盘长的 4 倍。吻较短，弧形，前端钝圆，向头前下斜。口底乳突 2 行，前行具细小乳突 2 个，后行具显著乳突 7～9 个。中国东海、南海有分布。

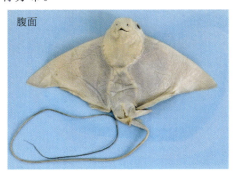

图 8-11　纳氏鳐鲼 *Aetobatus narinari*

12. 无刺鲼属 *Aetomylaeus*(图 8-12):隶属于鲼形目、鲼科。体盘菱形,体盘宽接近体盘长的 2 倍。鼻孔距口很近,具鼻口沟。口中大,平横,口底乳突 4～6 个。背鳍 1 个,背鳍起点与腹鳍基底后端相对,或位于腹鳍基底后端。尾细长如鞭,无尾鳍,无尾刺。中国南海有分布。

图 8-12　无刺鲼属 *Aetomylaeus*

五、作业与思考

1. 绘制实验鱼标本的物种外形图,简述其主要形态特征。

2. 根据实验鱼标本的物种鉴定和分类特征编制相应的检索表。

3. 鳐形总目各目之间的分类依据有哪些? 其系统演化关系又如何?

4. 鳐形总目鱼类的分类难点和要点有哪些?

实验 9

鲱形目、海鲢目、仙女鱼目、鲇形目的分类

一、实验目的

1.了解辐鳍鱼纲鲱形目、海鲢目、仙女鱼目、鲇形目的主要形态特征和分类依据。

2.认识上述 4 目的常见种,熟悉检索表的应用,掌握各目的物种鉴定方法。

二、实验材料和工具

1.鲱形目 Clupeiformes 的锯腹鳓科 Pristigasteridae、鳀科 Engraulidae、宝刀鱼科 Chirocentridae、鲱科 Clupeidae,海鲢目 Elopiformes 的海鲢科 Elopidae,仙女鱼目 Aulopiformes 的龙头鱼科 Harpadontidae、狗母鱼科 Synodontidae,鲇形目 Siluriformes 的海鲇科 Ariidae、鳗鲇科 Plotosidae 等鱼类的福尔马林浸制标本和新鲜标本。

2.解剖盘,镊子,放大镜,一次性手套,刻度尺。

三、实验方法

1.将实验鱼标本按各目的形态鉴别特征简单归类置于相应的解剖盘内。

2.通过观察实验鱼标本的体形、体色、犁齿形状等形态特征,并结合体长、体高、鳍式、鳞式、鳃耙数等测量数据,依据检索表描述对各目的实验鱼标本进行物种鉴定。

3.对实验鱼标本进行拍照、编号整理和记录实验结果。

四、实验内容

(一)目的形态鉴别特征

1.鲱形目 Clupeiformes:背鳍 1 个,偶鳍基有腋鳞;腹缘常具棱鳞。

2.海鲢目 Elopiformes:颏部有喉板;有侧线;腹缘无棱鳞。

3.仙女鱼目 Aulopiformes:上颌口缘由前颌骨构成;无发光器;无鳔。

4.鲇形目 Siluriformes:体裸露或被骨板;具口须;胸鳍和背鳍常具强棘。

(二)鲱形目锯腹鳓科、鳀科、宝刀鱼科实验鱼标本的物种检索表

1(24)背鳍通常位于臀鳍的前方;纵列鳞少于 200;颌齿细小,不呈犬齿状

2(7)下颌关节在眼下方或稍后方;鳃盖膜彼此不相连

3(2)臀鳍长,臀鳍鳍条多于 30 ··················· 锯腹鳓科 Pristigasteridae

4(3)臀鳍鳍条34～53;有腹鳍 ……… 鳓属 *Ilisha*

5(6)纵列鳞少于45 ……… 黑口鳓 *Ilisha melastoma*

6(5)纵列鳞多于45 ……… 鳓 *Ilisha elongata*

7(2)下颌关节在眼的远后方;鳃盖膜彼此微连 ……… 鳀科 Engraulidae

8(10)尾鳍末端尖形;臀鳍与尾鳍几相连;胸鳍上部有游离的丝状鳍条…… 鲚属 *Coilia*

9(8)胸鳍上部具7个丝状鳍条 ……… 七丝鲚 *Coilia grayii*

10(8)尾鳍分叉;尾鳍与臀鳍分离;胸鳍无游离鳍条

11(22)胸鳍第一鳍条不呈丝状延长;臀鳍起点在背鳍起点后方

12(15)仅腹鳍前方具棱鳞;臀鳍鳍条少于25 ……… 侧带小公鱼属 *Stolephorus*

13(14)上颌骨末端伸达鳃孔;腹鳍前棱鳞2～3 ………

……… 康氏侧带小公鱼 *Stolephorus commersonnii*

14(13)上颌骨末端不伸达鳃孔;腹鳍前棱鳞6 ……… 中华侧带小公鱼 *Stolephorus chinensis*

15(12)腹鳍前后方具棱鳞;臀鳍鳍条多于30 ……… 棱鳀属 *Thryssa*

16(19)上颌骨末端伸达鳃盖或鳃孔

17(18)上颌骨末端伸达鳃盖;吻常为红色 ……… 赤鼻棱鳀 *Thryssa kammalensis*

18(17)上颌骨末端伸达鳃孔 ……… 汉氏棱鳀 *Thryssa hamiltonii*

19(16)上颌骨末端伸达胸鳍基部或其后方

20(21)上颌骨末端伸达胸鳍基部 ……… 中颌棱鳀 *Thryssa mystax*

21(20)上颌骨末端伸达胸鳍末端 ……… 杜氏棱鳀 *Thryssa dussumieri*

22(11)胸鳍第一鳍条呈丝状延长;臀鳍起点与背鳍起点相对 …… 黄鲫属 *Setipinna*

23(22)有腹鳍;臀鳍鳍条49～56 ……… 黄鲫 *Setipinna tenuifilis*

24(1)背鳍与臀鳍相对;纵列鳞多于200;颌上有锐利的犬齿 ………

……… 宝刀鱼科 Chirocentridae

25(24)口大,向上陡斜;下颌特别突出;尾鳍深叉形 ……… 宝刀鱼属 *Chirocentrus*

26(27)上颌骨稍短,末端不伸到前鳃盖骨;鳃耙3+14 ………

……… 短颌宝刀鱼 *Chirocentrus dorab*

27(26)上颌骨长,末端伸达或超过前鳃盖骨;鳃耙7+14 ………

……… 长颌宝刀鱼 *Chirocentrus nudus*

(三)鲱形目鲱科实验鱼标本的物种检索表

1(14)上颌中间无缺刻

2(7)臀鳍最后2鳍条通常不扩大;第二辅上颌骨近梨形

3(5)鳃孔内的后缘有2个显著的突起 ……… 似青鳞鱼属 *Herklotsichthys*

4(3)体背两侧无点状条纹 ……… 四点似青鳞鱼 *Herklotsichthys quadrimaculatus*

5(3)鳃孔内的后缘为圆形,无突起;腹鳍鳍条7 ……… 叶鲱属 *Escualosa*

6(5)腹缘具强棱鳞;腹鳍始于背鳍起点的前下方 ……… 叶鲱 *Escualosa thoracata*

7(2)臀鳍最后2鳍条通常显著扩大;第二辅上颌骨呈铲形

8(7)下鳃耙45～90;背鳍前鳞经中线对列 ……… 小沙丁鱼属 *Sardinella*

9(11)尾鳍上下叶末端黑色

10(9)背鳍基部前缘有一黑斑 ……… 花莲小沙丁鱼 *Sardinella hualiensis*

11(9)尾鳍上下叶末端不呈黑色

12(13)第一鳃弓下鳃耙多于 85；鳞片后部无小孔 … 裘氏小沙丁鱼 Sardinella jussieu

13(12)第一鳃弓下鳃耙少于 85；腹鳍基部具一腋鳞；腹鳍后棱鳞 12～14 …………

……………………………………………… 白腹小沙丁鱼 Sardinella albella

14(1)上颌中间有显著的缺刻

15(18)口端位；背鳍正常，末端鳍条不延长成丝状

16(15)头顶缘宽，具细纹多；鳞有细孔 ………………………… 花点鲥属 Hilsa

17(16)体侧有 4～7 个绿斑 ……………………………… 花点鲥 Hilsa kelee

18(15)口下位；多数种类背鳍末端鳍条延长成丝状

19(28)背鳍最后鳍条为丝状延长

20(25)口亚前位；上颌骨后端平直；背鳍前鳞不呈覆瓦状排列

21(23)体侧有 4～6 个黑斑；背鳍前具棱鳞；腹鳍后棱鳞 11～12 ……… 花鰶属 Clupanodon

22(21)纵列鳞 44～48 ……………………… 花鰶 Clupanodon thrissa

23(21)体侧仅 1 个黑斑；背鳍前无棱鳞；腹鳍后棱鳞 14～18 ……… 斑鰶属 Konosirus

24(23)纵列鳞 53～56 ………………………… 斑鰶 Konosirus punctatus

25(20)口下位；上颌骨后端向下弯；背鳍前鳞呈覆瓦状排列 ……… 海鰶属 Nematalosa

26(27)前鳃盖骨前下端的外上方被第三眶下骨遮盖 ……… 圆吻海鰶 Nematalosa nasus

27(26)前鳃盖骨前下端的外上方为肉质区，未被遮盖；体长为体高的 2.63～3.03 倍…

………………………………………… 日本海鰶 Nematalosa japonica

28(19)背鳍最后鳍条无丝状延长 ………………… 无齿鰶属 Anodontostoma

29(28)吻较尖突；口无齿 ………………… 无齿鰶 Anodontostoma chacunda

图 9-1　黑口鰳 Ilisha melastoma

图 9-2　鰳 Ilisha elongata

图 9-3　四点似青鳞鱼 *Herklotsichthys quadrimaculatus*

图 9-4　叶鲱 *Escualosa thoracata*

图 9-5　白腹小沙丁鱼 *Sardinella albella*

图 9-6　花莲小沙丁鱼 *Sardinella hualiensis*

图 9-7　裘氏小沙丁鱼 *Sardinella jussieu*

图 9-8 花点鲥 *Hilsa kelee*

图 9-9 花鰶 *Clupanodon thrissa*

图 9-10 斑鰶 *Konosirus punctatus*

图 9-11 圆吻海鰶 *Nematalosa nasus*

图 9-12　日本海鲦 *Nematalosa japonica*

图 9-13　无齿鲦 *Anodontostoma chacunda*

图 9-14　七丝鲚 *Coilia grayii*

图 9-15　康氏侧带小公鱼 *Stolephorus commersonnii*

图 9-16　中华侧带小公鱼 *Stolephorus chinensis*

图 9-17　赤鼻棱鳀 *Thryssa kammalensis*

图 9-18　汉氏棱鳀 *Thryssa hamiltonii*

图 9-19　中颌棱鳀 *Thryssa mystax*

图 9-20　杜氏棱鳀 *Thryssa dussumieri*

图 9-21　黄鲫 *Setipinna tenuifilis*

图 9-22　短颌宝刀鱼 *Chirocentrus dorab*

图 9-23　长颌宝刀鱼 *Chirocentrus nudus*

(四)海鲢目、仙女鱼目、鲶形目实验鱼标本的物种检索表

1(15)口无须;体被圆鳞或栉鳞

2(6)上颌骨口缘由前颌骨和上颌骨构成 ································· 海鲢目 Elopiformes

3(2)有假鳃;背鳍最后鳍条不延长 ································· 海鲢科 Elopidae

4(3)口大,前位;假鳃大 ································· 海鲢属 *Elops*

5(4)上、下颌等长;背鳍起点始于腹鳍基部后方 ················ 大眼海鲢 *Elops machnata*

6(2)上颌骨口缘由前颌骨构成 ································· 仙女鱼目 Aulopiformes

7(10)体近梭形;尾鳍呈三叉状 ································· 龙头鱼科 Harpadontidae

8(7)口内不具可倒齿 ································· 龙头鱼属 *Harpadon*

9(8)胸鳍长大于头长 ································· 龙头鱼 *Harpadon nehereus*

10(7)体细长;尾鳍不呈三叉状 ································· 狗母鱼科 Synodontidae

11(13)腹鳍鳍条 9;内外侧鳍条等长 ································· 蛇鲻属 *Saurida*

12(11)胸鳍不伸达腹鳍起点;侧线鳞 59～70 ········· 长体蛇鲻 *Saurida elongata*

13(11)腹鳍鳍条 8;吻钝,吻长小于眼径 ········· 大头狗母鱼属 *Trachinocephalus*

14(13)体侧具数行蓝色纵带;臀鳍鳍条 15～17

································· 大头狗母鱼 *Trachinocephalus myops*

15(1)口须 1～4 对;多数体裸露无鳞:常具脂鳍 ················ 鲶形目 Siluriformes

16(20)有脂鳍;口须 1～3 对;臀鳍鳍条 25 以下 ············· 海鲶科 Ariidae

17(17)腭齿群每侧 1 块;口须 3 对 ·· 海鲶属 *Arius*

18(19)第一鳃弓鳃耙 14～17;背鳍第一鳍条丝状延长 ·········· 丝鳍海鲶 *Arius arius*

19(18)第一鳃弓鳃耙 17～21;背鳍第一鳍条不呈丝状延长 ·········

··· 斑海鲶 *Arius maculatus*

20(16)无脂鳍;口须 4 对 ··· 鳗鲶科 Plotosidae

21(20)第二背鳍起点在腹鳍起点之后 ································· 鳗鲶属 *Plotosus*

22(21)鼻须和上颌须仅伸达眼后缘;体侧具 2～3 条纵纹 ·········

··· 线纹鳗鲶 *Plotosus lineatus*

图 9-24　大眼海鲢 *Elops machnata*

图 9-25　龙头鱼 *Harpadon nehereus*

图 9-26　长体蛇鲻 *Saurida elongata*

图 9-27　大头狗母鱼 *Trachinocephalus myops*

侧视

俯视

图 9-28 丝鳍海鲶 *Arius arius*

侧视

俯视

图 9-29 斑海鲶 *Arius maculatus*

侧视

俯视

图 9-30   线纹鳗鲇 *Plotosus lineatus*

五、作业与思考

1. 绘制实验鱼标本的物种外形图,简述其主要形态特征。
2. 根据各目实验鱼标本的物种鉴定和分类特征编制相应的检索表。
3. 思考上述各目鱼类形态特征与生活习性之间的关系。
4. 总结鲱形目和狗母鱼科鱼类分类的难点和要点。

实验 10

鳗鲡目的分类

一、实验目的

1. 了解辐鳍鱼纲鳗鲡目的主要形态特征和分类依据。
2. 认识鳗鲡目各科的常见种,熟悉检索表的使用,掌握鳗鲡目的物种鉴定方法。

二、实验材料和工具

1. 鳗鲡目 Anguilliformes 的康吉鳗科 Congridae、海鳝科 Muraenidae、海鳗科 Muraenesocidae、蚓鳗科 Moringuidae、鸭嘴鳗科 Nettastomatidae、蛇鳗科 Ophichthidae 等鱼类的福尔马林浸制标本和新鲜标本。
2. 解剖盘,镊子,放大镜,一次性手套,刻度尺。

三、实验方法

1. 将实验鱼标本按各科的形态鉴别特征简单归类置于相应的解剖盘内。
2. 通过观察实验鱼标本的体形、体色、鳞片、颌齿、犁骨齿、背鳍、臀鳍、尾鳍位置等形态特征,并结合体长、体高、背鳍前长、肛门前长、肛门前侧线孔数、鳍式等测量数据,依据检索表描述对各目的实验鱼标本进行物种鉴定。
3. 对实验鱼标本进行拍照、编号整理和记录实验结果。

四、实验内容

(一)鳗鲡目分类概述

鳗鲡目 Anguilliformes 鱼类体相当延长,呈圆筒形或侧扁;头尖或圆,略侧扁;胸鳍有或无;无腹鳍;背鳍与臀鳍一般很长,常与尾鳍相连;体光滑或具细鳞,鳞片多埋于皮下。

本目分布于中国近海有 13 科 74 属 214 种,多数可食用,有些种类具有很高的经济价值。鳗鲡目多数鱼类终生在海洋中生活,仅少数种类具有降河洄游习性,但均在海洋中繁殖。中国鳗鲡目常见科的分类特征如下:

1. 鳗鲡科 Anguillidae:体被小鳞,呈席状排列;下颌长;舌游离;背鳍、臀鳍、尾鳍相连。
2. 康吉鳗科 Congridae:体侧线明显;舌游离;口裂伸至眼后下方,唇褶发达;鳃孔分离;背鳍、臀鳍、尾鳍相连。
3. 蛇鳗科 Ophichthidae:体细长,似海蛇;侧线完全;口裂大;吻尖、突出;无尾鳍,尾端尖颓。

4.海鳗科 Muraenesocidae：体具侧线；胸鳍发达。舌附于口底；吻端突出呈喙状，上颌前侧端有三角形缺刻；背鳍、臀鳍、尾鳍相连。

5.海鳝科 Muraenidae：体细长侧扁，无侧线；舌附于口底；具可倒性牙；无胸鳍；鳃孔小。体色多样化，常具颜色美丽的斑带或网纹。

6.鸭嘴鳗科 Nettastomatidae：体细长，侧线明显；尾部呈鞭状延长；吻突出呈鸭嘴状；无胸鳍。

7.蚓鳗科 Moringuidae：体细长，尾部侧扁；头小尖锥状；鳍不发达或退化，背鳍、臀鳍、尾鳍相连；侧线完全或仅存于肛门前。

（二）海鳝科实验鱼标本的物种检索表

1(3)体极延长，体长为体高的 30 倍以上；头无须状突 ……… 弯牙海鳝属 *Strophidon*

2(1)肛门位于体中央前方；体褐色 ……… 长尾弯牙海鳝 *Strophidon sathete*

3(1)体长为体高的 30 倍以下；吻较尖长，齿尖 ……… 裸胸鳝属 *Gymnothorax*

4(5)鳃孔黑色；体侧具 3～4 列黑斑 ……… 爪哇裸胸鳝 *Gymnothorax javanicus*

5(4)鳃孔不为黑色

6(7)体具 14～22 条有深色小点的环带 ……… 网纹裸胸鳝 *Gymnothorax reticularis*

7(6)体不具深色环带

8(11)体具网状纹或条纹

9(10)体具白色网状纹；眼后无暗色斑点 ……… 波纹裸胸鳝 *Gymnothorax undulatus*

10(9)体具褐色波浪状条纹；眼后具暗色斑点 ……… 克里裸胸鳝 *Gymnothorax cribroris*

11(8)体无网状纹或条纹，具不连续黑斑 ……… 匀斑裸胸鳝 *Gymnothorax reevesi*

（三）蛇鳗科实验鱼标本的物种检索表

1(23)背鳍及臀鳍末端裸露，尾鳍无或仅具皮瓣

2(5)无胸鳍

3(2)鳃孔在头腹部；口具一颌须 ……………………………………… 盲蛇鳗属 *Caecula*

4(3)体长为体高的 40 倍以上 ……………………… 小鳍盲蛇鳗 *Caecula pterygera*

5(2)具胸鳍

6(11)上颌具细须

7(9)齿尖大；肛门接近体中央 ………………………… 短体蛇鳗属 *Brachysomophis*

8(7)肛门位于体中央后方；眼后无凹陷…………………………………………………
………… 鳄形短体蛇鳗 *Brachysomophis crocodilinus*

9(7)齿细小；肛门位于体前 1/3 或稍后 ……………… 须鳗属 *Cirrhimuraena*

10(9)胸鳍发达；背鳍起点在胸鳍基部上方或稍后 …………………………………
……………………… 中华须鳗 *Cirrhimuraena chinensis*

11(6)上颌无细须

12(15)齿颗粒状；鳃孔与胸鳍基部约等长 ……………… 豆齿鳗属 *Pisodonophis*

13(14)背鳍起点位于胸鳍后上方 ……………… 杂食豆齿鳗 *Pisodonophis boro*

14(13)背鳍起点位于胸鳍中上方 ……………… 食蟹豆齿鳗 *Pisodonophis cancrivorus*

15(12)齿尖锐;鳃孔与胸鳍基部错开

16(18)肛门位于体中央稍后方 ………………………………… 列齿鳗属 *Xyrias*

17(16)体背侧密布褐色圆斑 ………………………………… 列齿鳗 *Xyrias revulsus*

18(16)肛门远在体中央前方;吻短而钝 尾端尖秃 ………… 蛇鳗属 *Ophichthus*

19(20)体具鞍状斑纹;背鳍及臀鳍深色 ………………… 石蛇鳗 *Ophichthus lithinus*

20(19)体无斑纹;齿单列;背鳍起点在胸鳍上方

21(22)胸鳍细长而尖;头尖小;犁骨齿呈 V 形排列 …… 尖吻蛇鳗 *Ophichthus apicalis*

22(21)胸鳍扇形;犁骨齿呈 Y 形排列 ……………… 裙鳍蛇鳗 *Ophichthus urolophus*

23(1)臀鳍发达,背鳍、臀鳍、尾鳍相连

24(23)无胸鳍;后鼻孔位于口内或唇缘 ……………… 蠕蛇鳗属 *Scolecenchelys*

25(24)体灰色;胸部银白;尾鳍灰黑 ……… 大鳍蠕蛇鳗 *Scolecenchelys macroptera*

(四)鸭嘴鳗科、康吉鳗科实验鱼标本的物种检索表

1(9)上颌与下颌等长或稍长于下颌

2(5)无胸鳍;后鼻孔位于眼前中线或后方 ………… 鸭嘴鳗科 Nettastomatidae

3(2)后鼻孔位于眼中线前方 ………………………………… 蛳鳗属 *Saurenchelys*

4(3)背鳍前长占肛门前长的 46%～52% …………… 线尾蛳鳗 *Saurenchelys fierasfer*

5(2)具胸鳍;后鼻孔位于眼前方;前鼻孔位于吻中央 …… 海鳗科 Muraenesocidae

6(5)肛门位于体中央前方;犁骨齿 3 列,中列齿呈三角形 …… 海鳗属 *Muraenesox*

7(8)肛门前侧线孔 35～37;头长为眼间距的 10～11 倍 …… 褐海鳗 *Muraenesox bagio*

8(7)肛门前侧线孔 40～46;头长为眼间距的 6～9 倍 …… 海鳗 *Muraenesox cinereus*

9(1)下颌稍长于上颌

10(15)头小;背鳍及臀鳍发达;肛门位于体中央前方 …………… 康吉鳗科 Congridae

11(13)犁骨齿延伸至眼后 ……………………………………… 尖尾鳗属 *Uroconger*

12(11)肛门前长占全长的 27%～38%;胸鳍鳍条 11 …… 尖尾鳗 *Uroconger lepturus*

13(11)犁骨齿未达眼后,前部齿不扩大;尾呈丝状 …………… 吻鳗属 *Rhynchoconger*

14(13)肛门前侧线孔 28～31;尾黑色 …… 黑尾吻鳗 *Rhynchoconger ectenurus*

15(10)头大;背鳍及臀鳍基底短;肛门远在体中央后方 …………… 蚓鳗科 Moringuidae

16(15)体相当细长;侧线完整或仅达肛门 ………………………… 蚓鳗属 *Moringua*

17(16)背鳍与尾鳍相连;背鳍起点位于肛门后方 ……… 大头蚓鳗 *Moringua macrocephalus*

侧视 头侧

图 10-1 长尾弯牙海鳝 *Strophidon sathete*

图 10-2　爪哇裸胸鳝 *Gymnothorax javanicus*

图 10-3　网纹裸胸鳝 *Gymnothorax reticularis*

图 10-4　波纹裸胸鳝 *Gymnothorax undulatus*

图 10-5　匀斑裸胸鳝 *Gymnothorax reevesi*

图 10-6　克里裸胸鳝 *Gymnothorax cribroris*

图 10-7　小鳍盲蛇鳗 *Caecula pterygera*

图 10-8　鳄形短体蛇鳗 *Brachysomophis crocodilinus*

图 10-9　中华须鳗 *Cirrhimuraena chinensis*

图 10-10　杂食豆齿鳗 *Pisodonophis boro*

图 10-11　食蟹豆齿鳗 *Pisodonophis cancrivorus*

图 10-12　列齿鳗 *Xyrias revulsus*

图 10-13　石蛇鳗 *Ophichthus lithinus*

图 10-14　尖吻蛇鳗 *Ophichthus apicalis*

图 10-15　裙鳍蛇鳗 *Ophichthus urolophus*

图 10-16　大鳍蠕蛇鳗 *Scolecenchelys macroptera*

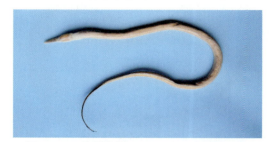

图 10-17　线尾蜥鳗 *Saurenchelys fierasfer*

图 10-18　大头蚓鳗 *Moringua macrocephalus*

图 10-19 褐海鳗 *Muraenesox bagio*

图 10-20 海鳗 *Muraenesox cinereus*

图 10-21 尖尾鳗 *Uroconger lepturus*

图 10-22 黑尾吻鳗 *Rhynchoconger ectenurus*

五、作业与思考

1. 绘制鳗鲡目实验鱼标本的物种外形图,简述其主要形态特征。
2. 根据鳗鲡目各科实验鱼标本的物种鉴定和分类特征编制相应的检索表。
3. 试述鳗鲡目鱼类的形态特征与其生活史的相关性。
4. 从形态学角度思考鳗鲡目鱼类各科间的系统发育关系。

实验 11

鮟鱇目、鼬鳚目、银汉鱼目、海鲂目、金眼鲷目、刺鱼目、颌针鱼目、鲻形目的分类

一、实验目的

1. 了解辐鳍鱼纲鮟鱇目、鼬鳚目、银汉鱼目、海鲂目、金眼鲷目、刺鱼目、颌针鱼目、鲻形目的主要形态特征和分类依据。

2. 认识上述 8 目的常见种,熟悉检索表的应用,掌握各目鱼类的物种鉴定方法。

二、实验材料和工具

鮟鱇目 Lophiiformes 的鮟鱇科 Lophiidae,鼬鳚目 Ophidiiformes 的鼬鳚科 Ophidiidae,银汉鱼目 Atheriniformes 的银汉鱼科 Atherinidae,海鲂目 Zeiformes 的海鲂科 Zeidae,金眼鲷目 Beryciformes 的金鳞鱼科 Holocentridae,刺鱼目 Gasterosteiformes 的烟管鱼科 Fistulariidae,颌针鱼目 Beloniformes 的颌针鱼科 Belonidae、鱵科 Hemiramphidae,鲻形目 Mugiliformes 的鲻科 Mugilidae 等鱼类的福尔马林浸制标本和新鲜标本。

2. 解剖盘,镊子,放大镜,一次性手套,刻度尺。

三、实验方法

1. 将实验鱼标本按各目的形态鉴别特征简单归类置于相应的解剖盘内。

2. 通过观察实验鱼标本的体形、体色、颌骨、颌齿、鳃耙、鳞片等形态特征,并结合体长、体高、鳍式、鳞式、鳃耙数等测量数据,依据检索表描述对各目的实验鱼标本进行物种鉴定。

3. 对实验鱼标本进行拍照、编号整理和记录实验结果。

四、实验内容

(一)目的形态鉴别特征

1. 鮟鱇目 Lophiiformes:体扁平或略侧扁,头大,吻宽;背鳍具 1～6 个游离硬棘,第一背鳍特化为吻触手;胸鳍常为柄状;腹鳍喉位;体光滑或具骨板。

2. 鼬鳚目 Ophidiiformes:体稍延长;口裂大;若有腹鳍,为喉位或颏位;背鳍、臀鳍基底

很长,向后伸达尾鳍或与尾鳍相连;体被小圆鳞或无鳞。

3. 银汉鱼目 Atheriniformes:侧线无或不发达;背鳍 1～2 个,第二背鳍与臀鳍具 1～2 个硬棘;腹鳍腹位或下胸位,具一硬棘;体被圆鳞或栉鳞。

4. 海鲂目 Zeiformes:体侧扁而高;上颌显著突出,无辅上颌骨;有侧线;背鳍、臀鳍基部及胸鳍和腹鳍具骨板;体鳞片细小或仅具痕迹。

5. 金眼鲷目 Beryciformes:体侧扁;背鳍 1～2 个;侧线有或无。在下颌或眼下方有发光器;体被栉鳞、圆鳞或无鳞,少数为小刺状。

6. 刺鱼目 Gasterosteiformes:体延长,侧扁或呈管状,部分种类体被骨板;吻通常呈管状;侧线有或无;背鳍 1～2 个,第一背鳍常具 2 枚以上游离鳍棘;体裸露无鳞或具栉鳞。

7. 颌针鱼目 Beloniformes:体延长,被圆鳞;上颌口缘仅有前颌骨;侧线位低,与腹部平行;背鳍 1 个,位于体后方;腹鳍腹位。

8. 鲻形目 Mugiliformes:头宽而扁平,眼具脂眼睑;口小,前颌骨能伸出;无侧线;背鳍 2 个,第一背鳍均为鳍棘;体被圆鳞或栉鳞。

(二)鮟鱇目、鼬鳚目、银汉鱼目等实验鱼标本的物种检索表

1(5)胸鳍基部呈柄状;鳃孔位于胸鳍基后方 ·················· 鮟鱇目 Lophiiformes

2(1)体扁平或略高;体光滑;口大,具强齿 ·················· 鮟鱇科 Lophiidae

3(2)头骨、前上颌骨表面具明显突起;背鳍鳍条 8 ·················· 黑鮟鱇属 *Lophiomus*

4(3)口腔内具白斑;体背黑褐色 ·················· 黑鮟鱇 *Lophiomus setigerus*

5(1)胸鳍正常;鳃孔一般位于胸鳍基前方;背鳍无鳍棘(除银汉鱼科 Atherinidae)

6(10)背鳍及臀鳍较长,常相连;腹鳍喉位或颏位 ·················· 鼬鳚目 Ophidiiformes

7(6)背鳍起点在臀鳍起点前方;肛门及臀鳍远位于胸鳍后方 ········· 鼬鳚科 Ophidiidae

8(7)前鳃盖骨无棘;腹鳍起点位于眼下方;背鳍具黑斑 ·················· 仙鼬鳚属 *Sirembo*

9(8)鳃盖骨后具一强棘;腹鳍鳍条 1;背鳍具数个大黑斑 ····· 仙鼬鳚 *Sirembo imberbis*

10(6)背鳍及臀鳍多呈后位;腹鳍腹位;侧线无或不发达 ····· 银汉鱼目 Atheriniformes

11(10)前鳃盖骨后缘有缺刻;肛门位于臀鳍起点远前方 ·················· 银汉鱼科 Atherinidae

12(11)上颌骨伸达眼下方;肛门位于腹鳍末端前方 ········· 下银汉鱼属 *Hypoatherina*

13(12)肛门位于腹鳍中间;体被弱栉鳞····· 凡氏下银汉鱼 *Hypoatherina valenciennei*

(三)海鲂目、金眼鲷目、刺鱼目等实验鱼标本的物种检索表

1(12)腹鳍常具一鳍棘,鳍条 3～13

2(6)尾鳍分支鳍条 11 ·················· 海鲂目 Zeiformes

3(2)腹鳍起点位于胸鳍基部前下方;尾鳍具分支鳍条 10～11 ·················· 海鲂科 Zeidae

4(3)背鳍丝状延长;臀鳍具鳍棘 4;体侧具大黑斑 ·················· 海鲂属 Zeus

5(4)体侧中央具一眼径大小的白缘黑色圆斑 ·················· 远东海鲂 Zeus faber

6(2)尾鳍分支鳍条 19;各鳍鳍棘发达 ·················· 金眼鲷目 Beryciformes

7(6)背鳍具强棘 11～13,鳍棘基底长于鳍条基底 ·················· 金鳞鱼科 Holocentridae

8(10)前鳃盖骨隅角处无强棘；背鳍鳍棘 12 ·················· 骨鳂属 *Ostichthys*

9(8)鳃耙 20～23；体中部侧线上鳞数为 3.5 ·········· 日本骨鳂 *Ostichthys japonicus*

10(8)前鳃盖骨隅角处具一长强棘；臀鳍鳍条 7～10 ·········· 棘鳞鱼属 *Sargocentron*

11(10)背鳍、臀鳍基底和尾柄中部具黑斑 ·········· 黑点棘鳞鱼 *Sargocentron melanospilos*

12(1)腹鳍无鳍棘，鳍条 1～17

13(12)吻常呈管状；胸鳍、背鳍、臀鳍鳍条不分支·········· 刺鱼目 Gasterosteiformes

14(13)体似圆筒形；口具齿；具侧线；背鳍无硬棘 ·········· 烟管鱼科 Fistulariidae

15(14)尾叉形，中间鳍条丝状延长 ·················· 烟管鱼属 *Fistularia*

16(15)体裸露；尾柄侧线上无棱鳞 ·········· 无鳞烟管鱼 *Fistularia commersonii*

图 11-1　黑鮟鱇 *Lophiomus setigerus*

图 11-2　仙鼬鳚 *Sirembo imberbis*

图 11-3　凡氏下银汉鱼 *Hypoatherina valenciennei*

图 11-4　远东海鲂 *Zeus faber*

图 11-5　日本骨鳂 *Ostichthys japonicus*

图 11-6　黑点棘鳞鱼 *Sargocentron melanospilos*

图 11-7　无鳞烟管鱼 *Fistularia commersonii*

（四）颌针鱼目实验鱼标本的物种检索表

1(10)两颌延长呈喙状 ·· 颌针鱼科 Belonidae

2(4)尾柄具侧嵴 ·· 圆颌针鱼属 *Tylosurus*

3(2)齿尖直；鳃盖骨上具暗色横带；背鳍鳍条 21～24 ····································

·· 鳄形圆颌针鱼 *Tylosurus crocodilus*

4(2)尾柄无侧嵴

5(7)体侧具横带；侧线无胸鳍分支 ······················· 扁颌针鱼属 *Ablennes*

6(5)体侧后方具 4～8 个蓝色横带 ··············· 横带扁颌针鱼 *Ablennes hians*

7(5)体侧无横带；侧线具胸鳍分支 ····················· 柱颌针鱼属 *Strongylura*

8(9)尾鳍基部无黑斑；下颌长于上颌；颊部具鳞 ······································

····································· 尖嘴柱颌针鱼 *Strongylura anastomella*

9(8)尾鳍基部具一黑斑；臀鳍基部具鳞 ····· 斑尾柱颌针鱼 *Strongylura strongylura*

10(1)下颌延长呈喙状 ···································· 鱵科 Hemiramphidae

11(16)侧线在胸鳍下方具一平行分支

12(14)上颌无鳞 ··· 鱵属 *Hemiramphus*

13(12)体侧具一银白纵带和数个垂直暗斑 ·············· 斑鱵 *Hemiramphus far*

14(12)上颌具鳞 ··· 下鱵鱼属 *Hyporhamphus*

15(14)背鳍前鳞 30～40；颌齿细长，一般为单峰齿 ································

····································· 简氏下鱵鱼 *Hyporhamphus gernaerti*

16(11)侧线在胸鳍下方具 2 个平行分支 ················· 吻鱵属 *Rhynchorhamphus*

17(16)臀鳍起点在背鳍第 4、5 鳍条下方 ········ 乔氏吻鱵 *Rhynchorhamphus georgii*

俯视　　　头侧

图 11-8　鳄形圆颌针鱼 *Tylosurus crocodilus*

图 11-9　横带扁颌针鱼 *Ablennes hians*

图 11-10　尖嘴柱颌针鱼 *Strongylura anastomella*

图 11-11　斑尾柱颌针鱼 *Strongylura strongylura*

图 11-12　斑鱵 *Hemiramphus far*

图 11-13　简氏下鱵鱼 *Hyporhamphus gernaerti*

图 11-14　乔氏吻鱵 *Rhynchorhamphus georgii*

（五）鲻形目鲻科实验鱼标本的物种检索表

1（3）尾鳍截形；胸鳍黑色 ……………………………………………… 黄鲻属 *Ellochelon*

2（1）纵列鳞 25～29；尾鳍黄色 ……………………………… 黄鲻 *Ellochelon vaigiensis*

3（1）尾鳍深凹；胸鳍浅色

4（6）臀鳍鳍条 8；上颌骨直；眶前骨末端尖；脂眼睑极发达 ……………… 鲻属 *Mugil*

5（4）胸鳍基部具暗色斑点 ……………………………………… 鲻 *Mugil cephalus*

6（4）臀鳍鳍条 9；上颌骨后端下弯；眶前骨末端截平；脂眼睑有或不明显

7（10）脂眼睑不明显；体侧中部具栉鳞；胸鳍基部无黑斑 ……………… 龟鲹属 *Chelon*

8（9）第一背鳍前正中具棱嵴 ……………………………… 前鳞龟鲹 *Chelon affinis*

9（8）第一背鳍前正中无棱嵴；体长为头长的 4.2～4.7 倍 ………………

…………………………………………………… 绿背龟鲹 *Chelon subviridis*

10(7)脂眼睑一般发达；体侧中部具圆鳞；胸鳍基部常具黑斑 ······ 莫鲻属 *Moolgarda*

11(12)脂眼睑不发达，不达眼后缘 ······················ 长鳍莫鲻 *Moolgarda cunnesius*

12(11)脂眼睑发达，分别达眼前缘和眼后缘的 1/3 以上·····························

···························· 斯氏莫鲻 *Moolgarda speigleri*

图 11-15　黄鲻 *Ellochelon vaigiensis*

图 11-16　鲻 *Mugil cephalus*

图 11-17　前鳞龟鲹 *Chelon affinis*

图 11-18　绿背龟鲹 *Chelon subviridis*

图 11-19　长鳍莫鲻 *Moolgarda cunnesius*

图 11-20　斯氏莫鲻 *Moolgarda speigleri*

五、作业与思考

1. 绘制实验鱼标本的物种外形图,简述其主要形态特征。

2. 根据各目实验鱼标本的物种鉴定和分类特征编制相应的检索表。

3. 思考上述各目鱼类的形态特征与适应性进化的关系。

4. 总结颌针鱼目和鲻科鱼类分类的难点和要点。

实验 12

鲈形目鲈亚目(一)的分类

一、实验目的

1. 了解辐鳍鱼纲鲈形目鲈亚目的双边鱼科、天竺鲷科、大眼鲷科、鱚科、弱棘鱼科、乳香鱼科、鲯鳅科、军曹鱼科、眼镜鱼科、石斑鱼科、鲹科的主要形态特征和分类依据。

2. 认识上述 11 科的常见种,熟悉检索表的应用,掌握各科的物种鉴定方法。

二、实验材料和工具

双边鱼科 Ambassidae、天竺鲷科 Apogonidae、大眼鲷科 Priacanthidae、鱚科 Sillaginidae、弱棘鱼科 Malacanthidae、乳香鱼科 Lactariidae、鲯鳅科 Coryphaenidae、军曹鱼科 Rachycentridae、眼镜鱼科 Menidae、石斑鱼科 Epinephelidae、鲹科 Carangidae 等鱼类的福尔马林浸制标本和新鲜标本。

2. 解剖盘,镊子,放大镜,一次性手套,刻度尺。

三、实验方法

1. 将实验鱼标本按各科的形态鉴别特征简单归类置于相应的解剖盘内。

2. 通过观察实验鱼标本的体形、体色、颌骨、颌齿、鳃耙、侧线鳞等形态特征,并结合体长、体高、鳍式、鳞式、鳃耙数等测量数据,依据检索表描述对各科的实验鱼标本进行物种鉴定。

3. 对实验鱼标本进行拍照、编号整理和记录实验结果。

四、实验内容

(一)鲈亚目 11 科的形态鉴别特征

鲈形目 Perciformes 一般具 1～2 个背鳍;腹鳍一般胸位(亚胸位)或喉位,鳍条少于 6;臀鳍棘一般不超过 3(极少数 4～7);口裂上缘一般由前颌骨组成。本目是鱼类中种类和数量最多的一目,尤其以鲈亚目 Percoidei 物种多样性最丰富,该亚目也是我国海洋鱼类和养殖经济鱼类的主要组成。鲈亚目背鳍鳍棘一般发达;腹鳍胸位或喉位;上颌骨不固着于前颌骨;无眶蝶骨和眶下骨架;无鳃上器官。本实验的鲈亚目 11 科鱼类的形态鉴别特征如下:

1. 双边鱼科 Ambassidae:眶前骨及前鳃盖骨具双重边缘,具细齿或小棘;鳃盖骨无棘;

背鳍2个,仅基部相连;第一背鳍具一向前倒棘和鳍棘7;臀鳍鳍棘3。

2. 天竺鲷科 Apogonidae:前鳃盖骨边缘平滑或锯齿状;具2个分离背鳍,第一背鳍和第二背鳍的基底等长;臀鳍与第二背鳍同形,具3个鳍棘。

3. 大眼鲷科 Priacanthidae:体呈卵圆形,侧扁而高,被小栉鳞;口上位,眼巨大,约占头长一半;前鳃盖骨隅角处具一棘;腹鳍大,臀鳍鳍棘3。

4. 鱚科 Sillaginidae:体细长,呈梭形,头尖长;鳃盖骨小,具弱短棘;犁骨前端具齿,腭骨无齿;第一背鳍鳍棘9～12,臀鳍鳍棘1～2。

5. 弱棘鱼科 Malacanthidae:体延长,头前为近方形或锥形;鳃盖骨后缘无棘或具一强棘;背鳍1个,基底长;背鳍鳍棘4～10,臀鳍鳍棘1～2。

6. 乳香鱼科 Lactariidae:体长椭圆形,侧扁;头背部具发达的枕骨棱及大的黏液腔;鳃盖后上角及鳃盖后缘具一黑斑;背鳍2个,第一背鳍鳍棘7～8,第二背鳍鳍棘1;臀鳍鳍棘3。

7. 鲯鳅科 Coryphaenidae:体延长,侧扁;头大,近似方形;胸鳍上方侧线不规则弯曲,后平直伸展;背鳍1个,无鳍棘,基底甚长;臀鳍无鳍棘。

8. 军曹鱼科 Rachycentridae:体延长,近似圆筒形;口大,头平扁;第一背鳍鳍棘粗短,棘间膜低,似分离状,第二背鳍基底长;臀鳍鳍棘2。

9. 眼镜鱼科 Menidae:体甚高,极侧扁,近似三角形;背鳍1个,无鳍棘,基底长;腹鳍第一、二鳍条联合延长;臀鳍无鳍棘。

10. 石斑鱼科 Epinephelidae:前鳃盖骨后缘锯齿状或具棘,鳃盖骨后缘具2个扁棘;背鳍连续,中间无缺刻,背鳍鳍棘7～11;臀鳍鳍棘3,一般第二棘最强壮。

11. 鲹科 Carangidae:体侧扁,多为椭圆形;尾柄细小;背鳍2个,第一背鳍基底短于第二背鳍基底;侧线前弯后直,部分种类具棱鳞;臀鳍前方具2个游离棘。

(二)乳香鱼科、鱚科、双边鱼科、眼镜鱼科、军曹鱼科实验鱼标本的物种检索表

1(5)头背部具发达的黏液腔

2(1)臀鳍鳍棘3,鳍条25～28 ···················· 乳香鱼科 Lactariidae

3(2)头大;体长约为头长的3倍 ···················· 乳香鱼属 *Lactarius*

4(3)体银灰色;鳃盖后上角具黑斑 ··········· 乳香鱼 *Lactarius lactarius*

5(1)头背部无黏液腔

6(16)上颌骨被眶前骨覆盖

7(13)臀鳍鳍棘2;第二背鳍和臀鳍的基部较长 ·········· 鱚科 Sillaginidae

8(7)体细长,梭形 ······················· 鱚属 *Sillago*

9(10)体侧具暗色斑纹;胸鳍基部具黑斑 ··········· 斑鱚 *Sillago aeolus*

10(9)体无暗斑;胸鳍基部无黑斑

11(12)侧线上鳞5～6 ···················· 多鳞鱚 *Sillago sihama*

12(11)侧线上鳞3～4 ·················· 少鳞鱚 *Sillago japonica*

13(7)臀鳍鳍棘3～5;背鳍2个,分离 ············ 双边鱼科 Ambassidae

14(13)口大,斜裂;纵列鳞25～30;颊部鳞1～2行 ······· 双边鱼属 *Ambassis*

15(14)颊部鳞2行;具眶上棘;体侧中部侧线中断 ·················· 眶棘双边鱼 *Ambassis gymnocephalus*

16(6)上颌骨不被眶前骨覆盖

17(20)体长为体高的 1.4 倍;腹鳍与臀鳍相近;尾鳍叉形 ………… 眼镜鱼科 Menidae

18(17)体高,呈三角形,极侧扁 ……………………… 眼镜鱼属 Mene

19(18)体侧上方具 2～3 列暗斑;腹鳍延长 ……… 眼镜鱼 Mene maculata

20(17)体长为体高的 1.7 倍;头平扁,体近圆筒形 ……… 军曹鱼科 Rachycentridae

21(20)第一背鳍鳍棘粗短,棘间膜低,似分离状 ……… 军曹鱼属 Rachycentron

22(21)体侧具 2 条银色纵带 ……………………… 军曹鱼 Rachycentron canadum

图 12-1　乳香鱼 Lactarius lactarius

图 12-2　斑鱚 Sillago aeolus

图 12-3　多鳞鱚 Sillago sihama

图 12-4　眶棘双边鱼 Ambassis gymnocephalus

图 12-5 眼镜鱼 *Mene maculata*

图 12-6 军曹鱼 *Rachycentron canadum*

(三)鲯鳅科、弱棘鱼科、天竺鲷科、大眼鲷科实验鱼标本的物种检索表

1(9)背鳍鳍棘等于或少于 5

2(5)背鳍起点位于眼后上方 ·················· 鲯鳅科 Coryphaenidae

3(2)头大,近似方形;鳍棘无棘膜相连;臀鳍无鳍棘 ·········· 鲯鳅属 Coryphaena

4(3)胸鳍上方侧线不规则弯曲,后平直伸展 ·········· 鲯鳅 Coryphaena hippurus

5(2)背鳍起点位于头后方 ·················· 弱棘鱼科 Malacanthidae

6(5)头方,似马形;尾鳍后缘双截形;臀鳍鳍条 11～12 ···· 方头鱼属 Branchiostegus

7(8)眼周围无白带;背鳍无黑斑 ·········· 白方头鱼 Branchiostegus albus

8(7)眼后下缘具 2 条白色线纹;背鳍具黑斑 ···· 银方头鱼 Branchiostegus argentatus

9(1)背鳍鳍棘 5～15

10(17)臀鳍鳍棘 2,不游离

11(10)第二背鳍鳍条 8～18 ·················· 天竺鲷科 Apogonidae

12(14)腹鳍向后收束可达臀鳍起点 ·········· 似天竺鲷属 Apogonichthyoides

13(12)第一背鳍、第二背鳍下具横带 ··················

·················· 垂带似天竺鲷 Apogonichthyoides cathetogramma

14(12)腹鳍向后收束不达臀鳍起点 ·············· 鹦天竺鲷属 *Ostorhinchus*

15(16)眼具一短暗纵带;尾柄具一大黑斑 ········· 斑柄鹦天竺鲷 *Ostorhinchus fleurieu*

16(15)体侧具 2 条纵带;纵带中下方具侧纹 5～9 ··

································· 侧带鹦天竺鲷 *Ostorhinchus pleuron*

17(10)臀鳍鳍棘 3,不游离

18(17)颌齿不愈合;口上斜,亚上位;腹鳍大于胸鳍 ··········· 大眼鲷科 Priacanthidae

19(21)侧线上鳞 16～20;腹鳍很长,等于或长于头长 ········· 牛目鲷属 *Cookeolus*

20(19)口裂大,几乎垂直;腹鳍鳍膜黑色 ············ 日本牛目鲷 *Cookeolus japonicus*

21(19)侧线上鳞少于 16;腹鳍短于头长;前鳃盖骨后部具鳞 ··· 大眼鲷属 *Priacanthus*

22(23)背鳍、臀鳍和腹鳍具黄色圆斑 ·········· 短尾大眼鲷 *Priacanthus macracanthus*

23(22)腹鳍鳍膜具暗色圆斑;尾鳍上下叶呈丝状延长 ··································

································· 长尾大眼鲷 *Priacanthus tayenus*

图 12-7　鲯鳅 *Coryphaena hippurus*

图 12-8　白方头鱼 *Branchiostegus albus*

图 12-9　银方头鱼 *Branchiostegus argentatus*

图 12-10　垂带似天竺鲷 *Apogonichthyoides cathetogramma*

图 12-11　斑柄鹦天竺鲷 *Ostorhinchus fleurieu*

图 12-12　侧带鹦天竺鲷 *Ostorhinchus pleuron*

图 12-13　日本牛目鲷 *Cookeolus japonicus*

图 12-14　短尾大眼鲷 *Priacanthus macracanthus*

图 12-15　长尾大眼鲷 *Priacanthus tayenus*

（四）石斑鱼科实验鱼标本的物种检索表

1(3)背鳍鳍棘 9 ⋯⋯⋯⋯⋯⋯⋯⋯⋯⋯⋯⋯ 九棘鲈属 *Cephalopholis*

2(1)体深褐色，无小圆斑，体侧具 7～8 条暗色横带⋯⋯⋯⋯⋯⋯⋯⋯

⋯⋯⋯⋯⋯⋯⋯⋯⋯⋯⋯ 横纹九棘鲈 *Cephalopholis boenak*

3(1)背鳍鳍棘 11 ⋯⋯⋯⋯⋯⋯⋯⋯⋯⋯ 石斑鱼属 *Epinephelus*

4(5)尾鳍截形；头、体侧及尾鳍上叶具橘红色斑点 ⋯⋯⋯⋯⋯⋯⋯

⋯⋯⋯⋯⋯⋯⋯⋯⋯⋯⋯ 布氏石斑鱼 *Epinephelus bleekeri*

5(4)尾鳍圆形

6(9)体侧具横带或纵带

7(8)体侧具暗色和白色交替的纵带 ⋯⋯⋯⋯ 宽带石斑鱼 *Epinephelus latifasciatus*

8(7)体具 5 条垂直横带，密布小黄点 ⋯⋯⋯⋯ 青石斑鱼 *Epinephelus awoara*

9(6)体侧横带很淡或无

10(16)体侧具黑斑，不呈网状排布

11(14)体侧具小点状黑斑，集中于上半侧

12(13)背鳍鳍条和尾鳍无黑缘；头部黑点少或无⋯⋯⋯⋯⋯⋯⋯⋯⋯

⋯⋯⋯⋯⋯⋯⋯⋯⋯⋯ 小点石斑鱼 *Epinephelus epistictus*

13(12)背鳍鳍条和尾鳍具黑缘；头部黑点多 ⋯⋯⋯ 断带石斑鱼 *Epinephelus craigi*

14(11)体侧密布大黑斑

15(14)体侧具瞳孔大小黑斑;体侧胸部不呈白色 ······ 点带石斑鱼 *Epinephelus coioides*

16(10)体侧黑斑呈网状排布;胸鳍无黑斑

17(18)尾鳍无黑斑;体具暗色横带,略倾斜 ··

··· 拟青石斑鱼 *Epinephelus fasciatomaculosus*

18(17)尾鳍密布黑斑,呈网状排布

19(20)体背缘具 5 个黑斑 ······················ 六角石斑鱼 *Epinephelus hexagonatus*

20(19)体背缘无黑斑;胸部至胸鳍基部具大黑斑··

··· 玳瑁石斑鱼 *Epinephelus quoyanus*

图 12-16　横纹九棘鲈 *Cephalopholis boenak*

图 12-17　布氏石斑鱼 *Epinephelus bleekeri*

图 12-18　宽带石斑鱼 *Epinephelus latifasciatus*

图 12-19　青石斑鱼 *Epinephelus awoara*

图 12-20　小点石斑鱼 *Epinephelus epistictus*

图 12-21　断带石斑鱼 *Epinephelus craigi*

图 12-22　点带石斑鱼 *Epinephelus coioides*

图 12-23　拟青石斑鱼 *Epinephelus fasciatomaculosus*

图 12-24　六角石斑鱼 *Epinephelus hexagonatus*

图 12-25　玳瑁石斑鱼 *Epinephelus quoyanus*

（五）鲹科实验鱼标本的物种检索表

1(47)具腹鳍；背鳍鳍棘不隐于皮下

2(14)侧线无棱鳞

3(8)背鳍鳍条起点位于臀鳍起点前，背鳍鳍棘具鳍膜连接

4(6)尾柄具小鳍 ………………………………………………… 纺锤鲕属 *Elagatis*

5(4)体侧具 2 条蓝色纵带；侧线无棱鳞 …………………… 纺锤鲕 *Elagatis bipinnulata*

6(4)尾柄无小鳍；第一背鳍暗色；吻尖………………………………… 鲕属 *Seriola*

7(6)头背部具暗色斜带；第二背鳍不呈镰状；尾鳍下叶白缘 ……… 杜氏鲕 *Seriola dumerili*

8(3)背鳍鳍条起点与臀鳍起点部相对，背鳍鳍棘无鳍膜连接

9(12)前颌骨不能伸出；口裂明显大于眼径；背鳍、臀鳍鳍条不延长 …… 似鲹属 *Scomberoides*

10(11)上颌末端伸达眼后；侧线上方具圆斑 ……… 康氏似鲹 *Scomberoides commersonnianus*

11(10)上颌末端伸达眼中线；侧线具一列卵圆暗斑 ………… 革似鲹 *Scomberoides tol*

12(9)前颌骨能伸出；口裂等于或稍大于眼径；背鳍、臀鳍鳍条延长 …… 鲳鲹属 *Trachynotus*

13(12)第二背鳍和臀鳍前部鳍条较短 ………………… 卵形鲳鲹 *Trachynotus ovatus*

14(2)侧线部分或全部具棱鳞

15(14)棱鳞起始于第二背鳍起点下方或后方

16(39)脂眼睑发达

17(22)尾柄具小鳍 ………………………………………… 圆鲹属 *Decapterus*

18(19)背鳍前鳞不达眼中线；侧线直线后 3/4 具棱鳞 …… 长体圆鲹 *Decapterus macrosoma*

19(18)背鳍前鳞伸达眼中线

20(21)臀鳍鳍条 25～30＋1 ………………………… 蓝圆鲹 *Decapterus maruadsi*

21(20)臀鳍鳍条 20～24＋1 ………………………… 红尾圆鲹 *Decapterus akaadsi*

22(17)尾柄无小鳍

23(25)肩带下角具凹陷，其上缘具突起；鳃盖上缘具深凹刻 ………… 凹肩鲹属 *Selar*

24(23)侧线直线起始于第二背鳍下方；棱鳞小 ……… 脂眼凹肩鲹 *Selar crumenophthalmus*

25(23)肩带下角无凹陷，无突起

26(28)上颌无齿；体侧自眼上缘至尾柄具一黄色纵带 ……… 细鲹属 *Selaroides*

27(26)鳃盖上角具一黑斑 ……………………… 金带细鲹 *Selaroides leptolepis*

28(26)上颌具齿；体无纵带

29(31)背鳍、臀鳍后端鳍条似游离状；体侧上部具 7～10 条横带 ……… 叶鲹属 *Atule*

30(29)脂眼睑开口呈裂孔状 ………………………… 游鳍叶鲹 *Atule mate*

31(29)背鳍、臀鳍后后端鳍条不呈游离状；体侧上部横带少于 5 条或无

32(34)第二背鳍较第一背鳍高，呈镰状 ………………………… 鲹属 *Caranx*

33(32)腹鳍前部无鳞；第一鳃弓鳃耙 5～7＋15～17 ……… 珍鲹 *Caranx ignobilis*

34(32)第二背鳍与第一背鳍等高，不呈镰状 ……… 副叶鲹属 *Alepes*

35(36)上颌齿 2 行，带状排列；侧线直线起始于第二背鳍起点后 … 丽叶鲹 *Alepes kleinii*

36(35)上颌齿 1 行；体无横带

37(38)鳃盖上角具黑斑；第一鳃弓鳃耙 32～47 ………… 及达副叶鲹 *Alepes djedaba*

38(37)鳃盖上角无黑斑；第一鳃弓鳃耙 32～37 ……… 范氏副叶鲹 *Alepes vari*

39(16)脂眼睑不发达

40(42)背鳍鳍棘游离，无棘膜 ………………………… 丝鲹属 *Alectis*

41(41)眼前方头背缘平直或略凹 ………………… 印度丝鲹 *Alectis indica*

42(40)背鳍鳍棘长，具棘膜；口腔淡色；臀鳍前游离鳍棘明显

43(45)两颌无齿；体侧具垂直暗色横带 ………… 无齿鲹属 *Gnathanodon*

44(43)头具一横带贯穿眼部 ………… 黄鹂无齿鲹 *Gnathanodon speciosus*

45(43)两颌具齿；体侧无暗色横带；侧线直线前部无棱鳞 ……… 若鲹属 *Carangoides*

46(45)第二背鳍上端具黑斑 ………… 斑鳍若鲹 *Carangoides praeustus*

47(1)无腹鳍；背鳍鳍棘隐于皮下 ………… 乌鲳属 *Parastromateus*

48(47)侧线前部稍弯曲，后沿体侧至尾柄；仅尾柄具棱鳞 …… 乌鲳 *Parastromateus niger*

图 12-26 斑鳍若鲹 *Carangoides praeustus*

图 12-27 印度丝鲹 *Alectis indica*

图 12-28 黄鹂无齿鲹 *Gnathanodon speciosus*

图 12-29 丽叶鲹 *Alepes kleinii*

图 12-30   及达副叶鲹 *Alepes djedaba*

图 12-31   范氏副叶鲹 *Alepes vari*

图 12-32   珍鲹 *Caranx ignobilis*

图 12-33   游鳍叶鲹 *Atule mate*

图 12-34　金带细鲹 *Selaroides leptolepis*

图 12-35　脂眼凹肩鲹 *Selar crumenophthalmus*

图 12-36　长体圆鲹 *Decapterus macrosoma*

图 12-37　蓝圆鲹 *Decapterus maruadsi*

图 12-38 红尾圆鲹 *Decapterus akaadsi*

图 12-39 纺锤鲕 *Elagatis bipinnulata*

图 12-40 杜氏鰤 *Seriola dumerili*

图 12-41 康氏似鲹 *Scomberoides commersonnianus*

图 12-42　革鲹 *Scomberoides tol*

图 12-43　卵形鲳鲹 *Trachynotus ovatus*

图 12-44　乌鲳 *Parastromateus niger*

五、作业与思考

1. 绘制实验鱼标本的物种外形图，简述其主要形态特征。
2. 根据各科实验鱼标本的物种鉴定和分类特征编制相应的检索表。
3. 试述鲈亚目上述 11 科鱼类的形态特征与物种多样性之间的关系。
4. 从形态学角度思考石斑鱼科各属、鲹科各亚科及属之间的系统发育关系。
5. 总结天竺鲷科、石斑鱼科、鲹科等鱼类分类的难点和要点。

实验 13

鲈形目鲈亚目（二）的分类

一、实验目的

1. 了解辐鳍鱼纲鲈形目鲈亚目的鲾科、银鲈科、金线鱼科、裸颊鲷科、鲷科、笛鲷科、石鲈科、鯻科的主要形态特征和分类依据。

2. 认识上述 8 科的常见种，熟悉检索表的应用，掌握各科鱼类的物种鉴定方法。

二、实验材料和工具

1. 鲾科 Leiognathidae、银鲈科 Gerreidae、金线鱼科 Nemipteridae、裸颊鲷科 Lethrinidae、鲷科 Sparidae、笛鲷科 Lutjanidae、石鲈科 Haemulidae、鯻科 Terapontidae 等鱼类的福尔马林浸制标本和新鲜标本。

2. 解剖盘，镊子，放大镜，一次性手套，刻度尺。

三、实验方法

1. 将实验鱼标本按各科的形态鉴别特征简单归类置于相应的解剖盘内。

2. 通过观察实验鱼标本的体形、体色、颌骨、颌齿、鳃耙、侧线鳞等形态特征，并结合体长、体高、鳍式、鳞式、鳃耙数等测量数据，依据检索表描述对各科的实验鱼标本进行物种鉴定。

3. 对实验鱼标本进行拍照、编号整理和记录实验结果。

四、实验内容

(一)鲈亚目 8 科的形态鉴别特征

1. 鲾科 Leiognathidae：体卵圆形或长椭圆形，侧扁，被细小圆鳞；两颌能伸缩，有口管；背鳍鳍棘 7～9；臀鳍鳍棘 3。

2. 银鲈科 Gerreidae：体长卵圆形，侧扁，被较大圆鳞；两颌能伸缩，有口管；背鳍鳍棘 9～10；臀鳍鳍棘 3～5。

3. 金线鱼科 Nemipteridae：体延长，侧扁；上颌骨被眶前骨遮盖；颌齿呈绒毛状；颊部和鳃盖被鳞，体被栉鳞；背鳍鳍棘 10、鳍条 9；臀鳍鳍棘 3。

4. 裸颊鲷科 Lethrinidae：体椭圆形，稍延长，侧扁；头顶裸露或被鳞；吻稍尖；背鳍连续，鳍棘 10、鳍条 8～10；臀鳍鳍棘 3。

5. 鲷科 Sparidae：体椭圆形，侧扁而高；头大，背缘较隆起；头顶和颊部被鳞；吻钝；背鳍连续，鳍棘 11～13；臀鳍鳍棘 3，第二鳍棘强大。

6. 笛鲷科 Lutjanidae：体椭圆形，稍延长，侧扁；鳃膜与峡部不相连；颊部和鳃盖被鳞；侧线上方鳞片一般倾斜；背鳍 1 个；臀鳍鳍棘 3。

7. 石鲈科 Haemulidae：体椭圆形，侧扁；颌齿尖细，无犬齿；前鳃盖骨边缘具细齿，鳃盖骨具棘或无；颐部具颐孔 1～4 对；背鳍鳍棘 9～14；臀鳍鳍棘 3，第二鳍棘强大。

8. 鯻科 Terapontidae：体长椭圆形，侧扁；上颌骨被眶前骨遮盖；颌齿细小呈带状，无犬齿；前鳃盖骨边缘具细齿，鳃盖骨具两棘；背鳍鳍棘 11～13、鳍条 9～11；臀鳍鳍棘 3。

（二）鲾科实验鱼标本的物种检索表

1（3）两颌具犬齿；口管可向正前方伸出 ·· 牙鲾属 Gazza

2（1）体侧有鳞区伸越头上侧管下部的短分支后端 ············· 小牙鲾 Gazza minuta

3（1）两颌无犬齿，齿细小；口管可向前上方或前下方伸出

4（6）口管可向前上方伸出 ··· 斜口鲾属 Deveximentum

5（4）胸部、颊部被鳞；体背具 9～11 条横带 ······ 鹿斑斜口鲾 Deveximentum ruconius

6（4）口管可向前下方伸出

7（9）颈部具暗斑 ·· 颈斑鲾属 Nuchequula

8（7）背鳍具暗色斑；体侧具一黄色纵线（死后易消失） ··· 颈斑鲾 Nuchequula nuchalis

9（7）颈部无暗斑

10（16）胸部无鳞

11（13）体侧中部具金色纵带或呈金色 ································· 卡拉鲾属 Karalla

12（11）体侧中部具金色纵带；背鳍具黑斑 ············· 黑斑卡拉鲾 Karalla daura

13（11）体侧中部无金色纵带，不呈金色；体背侧具细密黑横带 ····· 鲾属 Leiognathus

14（15）颈部具暗色鞍斑；体侧垂直细纹较稀疏 ······· 短吻鲾 Leiognathus brevirostris

15（14）颈部无暗色鞍斑；体侧横纹多而细 ······· 短棘鲾 Leiognathus equulus

16（10）胸部具鳞；背鳍具黑斑 ······································ 布氏鲾属 Eubleekeria

17（16）背鳍斑块暗灰；颈部裸露区半圆形 ············· 琼斯布氏鲾 Eubleekeria jonesi

图 13-1 小牙鲾 Gazza minuta

图 13-2　鹿斑斜口鲾 *Deveximentum ruconius*

图 13-3　颈斑鲾 *Nuchequula nuchalis*

图 13-4　黑斑卡拉鲾 *Karalla daura*

图 13-5　短吻鲾 *Leiognathus brevirostris*

图 13-6 短棘鲾 *Leiognathus equulus*

图 13-7 琼斯布氏鲾 *Eubleekeria jonesi*

(三)银鲈科实验鱼标本的物种检索表

1(2)臀鳍鳍棘 3,鳍条 6~8 ·· 银鲈属 *Gerres*

2(5)背鳍第二鳍棘呈丝状延长

3(4)体侧具 7~10 列点状横带 ··············· 长棘银鲈 *Gerres filamentosus*

4(3)体侧具 7~10 条横带 ················ 大棘银鲈 *Gerres macracanthus*

5(2)背鳍第二鳍棘不呈丝状延长

6(7)背鳍鳍棘 10;前鳃盖骨下缘不呈锯齿状 ········· 日本银鲈 *Gerres japonicus*

7(6)背鳍鳍棘 9

8(11)体侧具横带

9(10)体侧具 7~11 条浅色横带;胸鳍伸达臀鳍中部后方 ·······

·· 红尾银鲈 *Gerres erythrourus*

10(9)体侧具 7~8 条青灰横带;胸鳍伸达臀鳍起点·············

·· 七带银鲈 *Gerres septemfasciatus*

11(8)体侧无横带

12(13)侧线鳞 34~35;体长为体高的 2.3~2.7 倍 ·········· 缘边银鲈 *Gerres limbatus*

13(12)侧线鳞 35~42;体长为体高的 3.0~3.3 倍 ·········· 奥奈银鲈 *Gerres oyena*

图 13-8　长棘银鲈 *Gerres filamentosus*

图 13-9　大棘钜鲈 *Gerres macracanthus*

图 13-10　日本银鲈 *Gerres japonicus*

图 13-11　红尾银鲈 *Gerres erythrourus*

图 13-12　七带银鲈 *Gerres septemfasciatus*

图 13-13　缘边银鲈 *Gerres limbatus*

图 13-14　奥奈银鲈 *Gerres oyena*

（四）金线鱼科、裸颊鲷科、鲷科实验鱼标本的物种检索表

1(18)背鳍鳍棘 10

2(12)第二背鳍鳍条 8～9　……………………………………… 金线鱼科 Nemipteridae

3(10)眶下骨无棘；前鳃盖骨后缘平滑 ……………………… 金线鱼属 *Nemipterus*

4(9)臀鳍鳍棘 3，鳍条 7

5(8)尾鳍上叶尖突或丝状延长

6(7)胸鳍伸达或超过臀鳍起点；腹鳍不伸达肛门 …… 日本金线鱼 *Nemipterus japonicus*

7(6)胸鳍不伸达臀鳍起点；腹鳍超过肛门 …… 红棘金线鱼 *Nemipterus nemurus*

8(5)尾鳍上叶圆突；侧线下鳞呈后上方倾斜 ………… 赤黄金线鱼 *Nemipterus aurora*

9(4)臀鳍鳍棘 3，鳍条 8；胸鳍、腹鳍伸达臀鳍起点 ……… 金线鱼 *Nemipterus virgatus*

10(3)眶下骨具棘;前鳃盖骨后缘锯齿状 ·············· 眶棘鲈属 *Scolopsis*

11(10)体长为体高的 2.0～2.5 倍;头部具白色横带 ··· 伏氏眶棘鲈 *Scolopsis vosmeri*

12(2)第二背鳍鳍条 10 ·············· 裸颊鲷科 Lethrinidae

13(12)颊部和头顶无鳞;胸鳍鳍条 13 ·············· 裸颊鲷属 *Lethrinus*

14(15)背鳍棘中部至侧线间鳞 4.5 ·············· 红鳍裸颊鲷 *Lethrinus haematopterus*

15(14)背鳍棘中部至侧线间鳞 5.5

16(17)胸鳍基部内侧无鳞;鳃耙数 5＋6 ·············· 扁裸颊鲷 *Lethrinus lentjan*

17(16)胸鳍基部内侧具鳞;鳃耙数 4＋5 ·············· 星斑裸颊鲷 *Lethrinus nebulosus*

18(1)背鳍鳍棘 11～18 ·············· 鲷科 Sparidae

19(27)腭骨具 3 行白齿;眶间无鳞

20(25)背鳍棘中部至侧线间鳞 3.5～6.5;臀鳍鳍条 8 ·············· 棘鲷属 *Acanthopagrus*

21(24)背鳍棘中部至侧线间鳞 3.5 以上;尾鳍灰黑或具黑缘

22(23)背鳍棘中部至侧线间鳞 4.5;胸鳍基上具黑斑 ····· 澳洲棘鲷 *Acanthopagrus australis*

23(22)背鳍棘中部至侧线间鳞 5.5;体具暗色横带 ····· 黑棘鲷 *Acanthopagrus schlegelii*

24(21)背鳍棘中部至侧线间鳞 3.5;尾鳍下叶黄色 ····· 黄鳍棘鲷 *Acanthopagrus latus*

25(20)背鳍棘中部至侧线间鳞 6.5 以上;臀鳍鳍条 10～12 ·············· 平鲷属 *Rhabdosargus*

26(25)体侧具多条暗灰色纵带;尾鳍下叶边缘黄色 ·············· 平鲷 *Rhabdosargus sarba*

27(19)腭骨具 2 行白齿;眶间被鳞

28(30)臀鳍鳍条 9 ·············· 犁齿鲷属 *Evynnis*

29(28)第三、四鳍棘丝状延长 ·············· 二长棘犁齿鲷 *Evynnis cardinalis*

30(28)臀鳍鳍条 8 ·············· 真鲷属 *Pagrus*

31(30)体呈淡红褐色,具蓝色斑点(大时不明显);各鳍褐色 ······· 真鲷 *Pagrus major*

图 13-15 日本金线鱼 *Nemipterus japonicus*

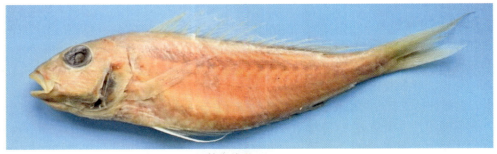

图 13-16 红棘金线鱼 *Nemipterus nemurus*

图 13-17　赤黄金线鱼 *Nemipterus aurora*

图 13-18　金线鱼 *Nemipterus virgatus*

图 13-19　伏氏眶棘鲈 *Scolopsis vosmeri*

图 13-20　红鳍裸颊鲷 *Lethrinus haematopterus*

图 13-21　扁裸颊鲷 *Lethrinus lentjan*

图 13-22　星斑裸颊鲷 *Lethrinus nebulosus*

图 13-23　澳洲棘鲷 *Acanthopagrus australis*

图 13-24　黑棘鲷 *Acanthopagrus schlegelii*

图 13-25　黄鳍棘鲷 *Acanthopagrus latus*

图 13-26　平鲷 *Rhabdosargus sarba*

图 13-27　二长棘犁齿鲷 *Evynnis cardinalis*

图 13-28　真鲷 *Pagrus major*

（五）笛鲷科、石鲈科、鯯科实验鱼标本的物种检索表

1(11)犁骨和腭骨具齿；侧线上鳞一般斜行 ………………………… 笛鲷科 Lutjanidae

2(1)背鳍基部被鳞；眼位于体中轴上方；上颌齿尖大 ……………… 笛鲷属 *Lutjanus*

3(4)体侧鳞片具斑点，相连成线与侧线平行；背部具大黑斑 … 约氏笛鲷 *Lutjanus johnii*

4(3)体侧鳞片无斑点

5(6)侧线上鳞与侧线平行；体红褐色，无暗色圆斑 ………………………………………………………… 紫红笛鲷 *Lutjanus argentimaculatus*

6(5)侧线上鳞向后倾斜排列

7(8)犁骨齿带中部向后突出；背部具大黑斑 ………………… 勒氏笛鲷 *Lutjanus russellii*

8(7)犁骨齿带中部向后无突出

9(10)侧线下鳞与体中轴平行；尾柄具浅显暗斑 … 马拉巴笛鲷 *Lutjanus malabaricus*

10(9)侧线上下鳞列斜向背后方；体侧具"川"字形暗色横带 ……… 千年笛鲷 *Lutjanus sebae*

11(1)犁骨和腭骨无齿

12(24)眶下骨下缘无齿；眶前骨具鳞 ……………………… 石鲈科 Haemulidae

13(15)下颌具颏须或乳突；背鳍前具向前棘；尾鳍一般圆形 …… 髭鲷属 *Hapalogenys*

14(12)体侧具横带；背鳍、臀鳍和尾鳍具黑缘 ……………… 臀斑髭鲷 *Hapalogenys analis*

15(13)下颌无须；背鳍前无向前棘；尾鳍截形或浅凹

16(19)下颌中线具一深纵沟 ……………………………… 石鲈属 *Pomadasys*

17(18)体侧散布黑色斑点，相连呈纵纹和斜纹排列 …… 银石鲈 *Pomadasys argenteus*

18(17)体侧具不规则暗色斑块 ……………… 大斑石鲈 *Pomadasys maculatus*

19(16)下颌中线无纵沟；背鳍鳍棘多于11

20(22)第一鳃弓下鳃耙23～25 ……………………… 矶鲈属 *Parapristipoma*

21(20)眼下缘位于吻端下方；体侧具3条暗色纵带 …………………………………………………………… 三线矶鲈 *Parapristipoma trilineatum*

22(20)第一鳃弓下鳃耙11～20 ……………………… 胡椒鲷属 *Plectorhinchus*

23(22)尾鳍具暗斑；背鳍鳍条多于20 …………… 胡椒鲷 *Plectorhinchus pictus*

24(12)眶下骨下缘呈锯齿状 ……………………… 鯯科 Terapontidae

25(30)后颞骨后端不膨大，被鳞不外露，其后缘光滑

26(28)齿具三齿头；鳃耙数6～7＋14～15 …………… 牙鯯属 *Pelates*

27(26)鳃盖后上方具黑斑；背鳍具黑斑；体侧具4条纵带 …………………………………………………………… 列牙鯯 *Pelates quadrilineatus*

28(26)齿无三齿头；鳃耙数16～18＋22～27 ………… 叉牙鯯属 *Helotes*

29(28)鳃盖后上方具黑斑；体侧具5～8条纵带 …… 六带叉牙鯯 *Helotes sexlineatus*

30(25)后颞骨后端膨大、外露，其后缘呈锯齿状

31(33)主鳃盖骨后具强棘，超过鳃盖膜后缘；背鳍具黑斑；尾鳍具斜纹 …………………………………………………………… 鯯属 *Terapon*

32(31)侧线上鳞10～17；体侧具3条弧形纵带 …… 细鳞鯯 *Terapon jarbua*

33(31)主鳃盖骨后棘不达鳃盖膜后缘；背鳍无黑斑 ……… 突吻鯯属 *Rhynchopelates*

34(33)上颌略长于下颌；体侧粗细纵带相间 ……… 尖突吻鯯 *Rhynchopelates oxyrhynchus*

图 13-29 约氏笛鲷 *Lutjanus johnii*

图 13-30 紫红笛鲷 *Lutjanus argentimaculatus*

图 13-31 勒氏笛鲷 *Lutjanus russellii*

图 13-32 马拉巴笛鲷 *Lutjanus malabaricus*

图 13-33　千年笛鲷 *Lutjanus sebae*

图 13-34　臀斑髭鲷 *Hapalogenys analis*

图 13-35　银石鲈 *Pomadasys argenteus*

图 13-36　大斑石鲈 *Pomadasys maculatus*

图 13-37　三线矶鲈 *Parapristipoma trilineatum*

图 13-38　胡椒鲷 *Plectorhinchus pictus*

图 13-39　列牙鯻 *Pelates quadrilineatus*

图 13-40　六带叉牙鯻 *Helotes sexlineatus*

图 13-41　细鳞鯻 *Terapon jarbua*

图 13-42　尖突吻鯻 *Rhynchopelates oxyrhynchus*

五、作业与思考

1. 绘制实验鱼标本的物种外形图,简述其主要形态特征。

2. 根据各科实验鱼标本的物种鉴定和分类特征编制相应的检索表。

3. 试述上述 8 科鱼类的形态特征与物种多样性之间的关系。

4. 总结上述 8 科鱼类分类的难点和要点。

5. 从形态学角度思考上述 8 科鱼类之间的系统发育关系。

6. 理解鲷形鱼类在鲈亚目中的系统进化地位。

实验 14

鲈形目鲈亚目(三)的分类

一、实验目的

1. 了解辐鳍鱼纲鲈形目鲈亚目的石首鱼科、马鲅科、羊鱼科、赤刀鱼科、鱾科、白鲳科、鸡笼鲳科、金钱鱼科、蝴蝶鱼科、五棘鲷科的主要形态特征和分类依据。

2. 认识上述 10 科的常见种,熟悉检索表的应用,掌握各科鱼类的物种鉴定方法。

二、实验材料和工具

1. 石首鱼科 Sciaenidae、马鲅科 Polynemidae、羊鱼科 Mullidae、赤刀鱼科 Cepolidae、鱾科 Kyphosidae、白鲳科 Ephippidae、鸡笼鲳科 Drepaneidae、金钱鱼科 Scatophagidae、蝴蝶鱼科 Chaetodontidae、五棘鲷科 Pentacerotidae 等鱼类的福尔马林浸制标本和新鲜标本。

2. 解剖盘,镊子,放大镜,一次性手套,刻度尺。

三、实验方法

1. 将实验鱼类标本按各科的形态鉴别特征简单归类置于相应的解剖盘内。

2. 通过观察实验鱼标本的体形、体色、颌骨、颌齿、鳃耙、侧线鳞等形态特征,并结合体长、体高、鳍式、鳞式、鳃耙数等测量数据,依据检索表描述对各科的实验鱼标本进行物种鉴定。

3. 对实验鱼标本进行拍照、编号整理和记录实验结果。

四、实验内容

(一)鲈亚目 10 科的形态鉴别特征

1. 石首鱼科 Sciaenidae:体延长,侧扁;两颌齿细小,或有犬齿;犁骨、腭骨无齿;颏部常具 2～6 个颏孔;背鳍 1 个,背鳍鳍棘 8～11,鳍棘与鳍条间具缺刻;臀鳍鳍棘 2。

2. 马鲅科 Polynemidae:体延长,稍侧扁;两颌齿细小,绒毛状;犁骨、腭骨具齿或犁骨无齿;背鳍 2 个,背鳍鳍棘 7～8;胸鳍低位,具游离丝状鳍条;臀鳍鳍棘 3。

3. 羊鱼科 Mullidae:体延长,稍侧扁;两颌齿细小,上颌骨后端裸露;颏部具 1 对长须;背鳍 2 个,第一背鳍鳍棘 6～8,第二背鳍鳍棘 1;臀鳍鳍棘 1～2。

4. 赤刀鱼科 Cepolidae:体甚长,呈带状;两颌齿细小,或具犬齿;犁骨、腭骨无齿;背鳍、臀鳍甚长,或与尾鳍相连;背鳍鳍棘 0～4;臀鳍鳍棘 0～1。

5. 鱾科 Kyphosidae:体卵圆形,侧扁;两颌齿多行,外行齿多为门牙状,内行齿绒毛状;

犁骨、腭骨及舌上具绒毛齿或无；背鳍1个，背鳍鳍棘10～15；臀鳍鳍棘3。

6. 白鲳科 Ephippidae：体近圆形或菱形，侧扁而高，两颌齿尖细呈刷毛状，或扁而具三尖齿呈带状；腭骨无齿；背鳍1个，背鳍鳍棘10或5～7；臀鳍鳍棘3。

7. 鸡笼鲳科 Drepaneidae：体近菱形；口小，向前伸出时呈管状；两颌齿细小呈带状；犁骨、腭骨无齿；前鳃盖骨具棘；背鳍具向前棘，鳍棘8～9；臀鳍鳍棘3；胸鳍可达尾柄。

8. 金钱鱼科 Scatophagidae：体椭圆形，侧扁而高；两颌齿细小，具三尖齿呈带状；犁骨、腭骨无齿；前鳃盖骨后缘具细锯齿；背鳍具向前棘，鳍棘10～11；臀鳍鳍棘4。

9. 蝴蝶鱼科 Chaetodontidae：体椭圆形或长菱形，侧扁而高；体色鲜艳多变；两颌齿细长呈刚毛状；吻突出；背鳍1个，背鳍鳍棘6～16；臀鳍鳍棘3～5。

10. 五棘鲷科 Pentacerotidae：体侧扁而高，背部隆起；两颌齿尖细，多行；犁骨、腭骨有时具齿；背鳍1个，高大，背鳍鳍棘4～13；臀鳍鳍棘3～6。

（二）石首鱼科实验鱼标本的物种检索表

1(19)鳔的前端两侧向外突出形成侧囊
2(17)鳔的前端侧管呈"T"形；上颌圆突，口下位；颏孔5个 ………… 叫姑鱼属 *Johnius*
3(5)颏部具一颏须
4(3)鳃盖后方具暗斑；背鳍鳍棘11，鳍条24～26 … 团头叫姑鱼 *Johnius amblycephalus*
5(3)颏部无颏须
6(7)体上侧具6～8条暗色横纹；各鳍灰黑 ………… 条纹叫姑鱼 *Johnius fasciatus*
7(6)体侧无暗色横纹
8(10)上颌外行齿扩大，具犬齿；下颌内行齿扩大
9(8)背鳍鳍棘淡黑色；头长为臀鳍第二棘长的3倍 … 婆罗叫姑鱼 *Johnius borneensis*
10(8)上下颌齿细小，呈绒毛状
11(12)臀鳍鳍棘2，鳍条8～9；胸部鳞片粗糙，具强栉鳞 …… 叫姑鱼 *Johnius grypotus*
12(11)臀鳍鳍棘2，鳍条7；胸部鳞片光滑或稍粗糙，具圆鳞或弱栉鳞
13(14)第一鳃弓下鳃耙11～13，鳃耙细长 ………… 卡氏叫姑鱼 *Johnius carouna*
14(13)第一鳃弓下鳃耙8～10，鳃耙粗短，呈颗粒状
15(16)臀鳍、尾鳍后缘黑色；腹鳍外侧鳍条有丝状延长 … 皮氏叫姑鱼 *Johnius belangerii*
16(15)臀鳍、尾鳍后缘浅黄色；腹鳍无丝状延长……… 大吻叫姑鱼 *Johnius macrorhynus*
17(2)鳔的前端侧管呈短角状，向前伸 ……………… 拟石首鱼属 *Sciaenops*
18(17)背鳍鳍条下方至尾柄具1或多个黑斑 …… 眼斑拟石首鱼 *Sciaenops ocellatus*
19(1)鳔呈圆筒形，无侧囊或侧管
20(29)颏孔为"似五孔型"或"五孔型"
21(20)鳔的第一对侧枝伸入颅内形成头支；中央一对颏孔靠近融合
22(27)颏部无须；下颌内行齿扩大 ……………… 黄姑鱼属 *Nibea*
23(24)吻上无孔；颏孔为"五孔型"；背鳍鳍条24～26 ……… 元鼎黄姑鱼 *Nibea chui*
24(23)吻上具孔；颏孔为"似五孔型"；背鳍鳍条26～30
25(26)体侧遍布明显斜向前的暗色条纹 ……… 黄姑鱼 *Nibea albiflora*
26(25)体侧仅前上半部具斜向前的浅色条纹 ……… 半花黄姑鱼 *Nibea semifasciata*
27(22)颏部具一短须；下颌齿细小，内行齿不扩大 ……… 枝鳔石首鱼属 *Dendrophysa*

28（27）颈部具一暗褐色横斑；背鳍鳍膜灰黑色　……　勒氏枝鳔石首鱼 *Dendrophysa russelii*

29（20）颏孔为"二孔型"、"四孔型"或"六孔型"

30（43）鳔的第一对侧枝不伸入颅内形成头支；体不呈金黄色

31（38）上下颌无犬齿；鳔的侧枝呈扇状　………………………　银姑鱼属 *Pennahia*

32（35）背鳍鳍条 22～25

33（34）背鳍无黑斑；尾鳍截形　………………………　截尾银姑鱼 *Pennahia anea*

34（33）背鳍具大黑斑；尾鳍楔形　………………………　斑鳍银姑鱼 *Pennahia pawak*

35（32）背鳍鳍条 26～29

36（37）背鳍鳍条具白色纵带；下颌前端无黑斑　…………　银姑鱼 *Pennahia argentata*

37（36）背鳍鳍条无白色纵带；下颌前端具黑斑　………　大头银姑鱼 *Pennahia macrocephalus*

38（31）上下颌具犬齿，或仅上颌具犬齿

39（41）上颌具犬齿，口闭时外露；颏孔 6 个；上颌略突出　…………　黄鳍牙鰔 *Chrysochir*

40（39）胸鳍、腹鳍、臀鳍灰黄色，密布黑点　…………　尖头黄鳍牙鰔 *Chrysochir aureus*

41（39）上下颌具 1～2 对犬齿；颏孔 2 个；下颌略突出　…………………　牙鰔 *Otolithes*

42（41）背鳍灰色，其他各鳍浅色　………………………　红牙鰔 *Otolithes ruber*

43（30）鳔的第一对侧枝伸入颅内形成头支；头、腹呈金黄色

44（46）臀鳍鳍条 11～13；枕骨嵴明显　…………………　梅童鱼属 *Collichthys*

45（44）体侧金黄色；鳃腔白色或浅色　…………　棘头梅童鱼 *Collichthys lucidus*

46（44）臀鳍鳍条 7～9；枕骨嵴不明显　…………………　黄鱼属 *Larimichthys*

47（46）体侧下方金黄色；尾柄长为尾柄高的 3 倍多　……　大黄鱼 *Larimichthys crocea*

图 14-1　团头叫姑鱼 *Johnius amblycephalus*

图 14-2　勒氏枝鳔石首鱼 *Dendrophysa russelii*

图 14-3　条纹叫姑鱼 *Johnius fasciatus*

图 14-4　婆罗叫姑鱼 *Johnius borneensis*

图 14-5　叫姑鱼 *Johnius grypotus*

图 14-6　卡氏叫姑鱼 *Johnius carouna*

图 14-7　皮氏叫姑鱼 *Johnius belangerii*

图 14-8　大吻叫姑鱼 *Johnius macrorhynus*

图 14-9　眼斑拟石首鱼 *Sciaenops ocellatus*

图 14-10　元鼎黄姑鱼 *Nibea chui*

图 14-11　元鼎黄姑鱼 *Nibea chui*

图 14-12　半花黄姑鱼 *Nibea semifasciata*

图 14-13　截尾银姑鱼 *Pennahia anea*

图 14-14　斑鳍银姑鱼 *Pennahia pawak*

图 14-15 银姑鱼 *Pennahia argentata*

图 14-16 大头银姑鱼 *Pennahia macrocephalus*

图 14-17 尖头黄鳍牙鰔 *Chrysochir aureus*

图 14-18 红牙鰔 *Otolithes ruber*

图 14-19 棘头梅童鱼 *Collichthys lucidus*

图 14-20 大黄鱼 *Larimichthys crocea*

(三)马鲅科、羊鱼科、赤刀鱼科等实验鱼标本的物种检索表

1(6)胸鳍下部具丝状游离鳍条 ·· 马鲅科 Polynemidae

2(4)胸鳍具 3～4 条游离鳍条 ··· 四指马鲅属 *Eleutheronema*

3(2)侧线鳞 82～95;胸鳍黑色 ··················· 四指马鲅 *Eleutheronema tetradactylum*

4(2)胸鳍具 5～6 条游离鳍条 ·· 多指马鲅属 *Polydactylus*

5(4)侧线前端具黑斑;胸鳍具 6 条游离鳍条 ····· 六指多指马鲅 *Polydactylus sextarius*

6(1)胸鳍下部无丝状游离鳍条

7(16)下颌具一对须;体不呈带状 ·· 羊鱼科 Mullidae

8(11)犁骨、腭骨无齿;上颌末端不达眼下方;尾鳍无斜带 ········· 副绯鲤属 *Parupeneus*

9(10)体侧具 2 条褐色纵带;尾柄无暗色斑块 ····· 双带副绯鲤 *Parupeneus biaculeatus*

10(9)体侧具 3 条褐色纵带;尾柄背部具鞍斑 ····· 点纹副绯鲤 *Parupeneus spilurus*

11(8)犁骨、腭骨具齿;上颌末端达眼前 1/3;尾鳍多具黑色斜带 ····· 绯鲤属 *Upeneus*

12(15)尾鳍上下叶无暗带或上叶具暗带

13(14)尾鳍上叶具暗带;第一背鳍末端色浅 ········· 马六甲绯鲤 *Upeneus moluccensis*

14(13)尾鳍上下叶无暗带;第一背鳍末端黑色 ·········· 黄带绯鲤 *Upeneus sulphureus*

15(12)尾鳍上下叶具暗带;体侧具暗色纵带和黑褐色斑点 ····· 黑斑绯鲤 *Upeneus tragula*

16(7)下颌无须;体甚延长 ··· 赤刀鱼科 Cepolidae

17(16)体呈带状;背鳍、臀鳍和尾鳍相连 ···························· 棘赤刀鱼属 *Acanthocepola*

18(21)背鳍前部黑斑不明显或无;体长为体高的 7～11 倍

19(20)背鳍前部黑斑不明显;体侧具橘黄色横带　……　印度棘赤刀鱼 *Acanthocepola indica*

20(19)背鳍无黑斑;体侧具橘黄色斑点　……　克氏棘赤刀鱼 *Acanthocepola krusensternii*

21(18)背鳍前部具黑斑;体长为体高的 13 倍 …………………………………………

………………………………………… 背点棘赤刀鱼 *Acanthocepola limbata*

图 14-21　四指马鲅 *Eleutheronema tetradactylum*

图 14-22　六指多指马鲅 *Polydactylus sextarius*

图 14-23　双带副绯鲤 *Parupeneus biaculeatus*

图 14-24　点纹副绯鲤 *Parupeneus spilurus*

图 14-25　马六甲绯鲤 *Upeneus moluccensis*

图 14-26　黄带绯鲤 *Upeneus sulphureus*

图 14-27　黑斑绯鲤 *Upeneus tragula*

图 14-28　印度棘赤刀鱼 *Acanthocepola indica*

图 14-29　克氏棘赤刀鱼 *Acanthocepola krusensternii*

图 14-30　背点棘赤刀鱼 *Acanthocepola limbata*

（四）鲵科、白鲳科、鸡笼鲳科、金钱鱼科、蝴蝶鱼科、五棘鲷科等实验鱼标本的物种检索表

1（25）头不被骨板；背鳍正常

2（5）后颞骨与颅骨不相接；上颌部分被眶前骨遮盖 ·············· 鲵科 Kyphosidae

3（2）眼位于体中轴下方 ····················· 细刺鱼属 *Microcanthus*

4（3）两颌齿尖细，呈刷毛状；体侧具 5 条斜后黑色纵带 ···· 细刺鱼 *Microcanthus strigatus*

5（2）后颞骨与颅骨相接

6（16）后颞骨不固着于颅骨；腭骨无齿

7（12）胸鳍短，圆钝 ····················· 白鲳科 Ephippidae

8（10）背鳍鳍棘 10，具向前棘，第三至五鳍棘延长 ·············· 白鲳属 *Ephippus*

9（8）体卵圆形；体侧具 6 条黑褐色横带 ·············· 白鲳 *Ephippus orbis*

10（8）背鳍鳍棘 5～7，无向前棘 ····················· 燕鱼属 *Platax*

11（10）腹鳍黄色；腹鳍基部后方具黑斑；尾鳍基部无暗色横带 ····· 燕鱼 *Platax teira*

12（7）胸鳍延长呈镰刀状 ····················· 鸡笼鲳科 Drepaneidae

13（12）体近菱形；胸鳍伸达尾柄 ····················· 鸡笼鲳属 *Drepane*

14（15）背鳍具向前棘；体具 4～9 条黑色横带 ······· 条纹鸡笼鲳 *Drepane longimana*

15（14）背鳍无向前棘；体具 4～11 列黑色斑点 ······· 斑点鸡笼鲳 *Drepane punctata*

16（6）后颞骨固着于颅骨

17（22）背鳍具向前棘；两颌具三尖齿，呈带状 ·············· 金钱鱼科 Scatophagidae

18（20）背鳍鳍棘 10～11；体侧具黑斑；尾鳍浅双凹 ·············· 金钱鱼属 *Scatophagus*

19（18）体侧具大小不一的椭圆黑斑 ····················· 金钱鱼 *Scatophagus argus*

20（18）背鳍鳍棘 12；体侧具横带；尾鳍浅凹 ·············· 钱鲽鱼属 *Selenotoca*

21（20）体上侧具黑色横带，下侧具黑色斑点 ···· 多纹钱鲽鱼 *Selenotoca multifasciata*

22（17）背鳍无向前棘，两颌齿细长，呈刚毛状 ·············· 蝴蝶鱼科 Chaetodontidae

23（22）背鳍鳍棘 11；背鳍后部具假眼斑，体侧具棕色和白色横纹 ···· 朴蝴蝶鱼属 *Roa*

24（23）体侧棕色条纹上下宽度相当，假眼斑的白缘完整 ······ 朴蝴蝶鱼 *Roa modesta*

25（1）头被骨板；背鳍高大，鳍棘强大 ·············· 五棘鲷科 Pentacerotidae

26（25）背鳍鳍棘 4，第三、四鳍棘极粗长 ·············· 帆鳍鱼属 *Histiopterus*

27（26）体近三角形；臀鳍第二鳍棘长；体侧具暗色横带 ······ 帆鳍鱼 *Histiopterus typus*

图 14-31　细刺鱼 *Microcanthus strigatus*

图 14-32　白鲳 *Ephippus orbis*

图 14-33　燕鱼 *Platax teira*

图 14-34　条纹鸡笼鲳 *Drepane longimana*

图 14-35　斑点鸡笼鲳 *Drepane punctata*

图 14-36　金钱鱼 *Scatophagus argus*

图 14-37　多纹钱鲽鱼 *Selenotoca multifasciata*

图 14-38 朴蝴蝶鱼 *Roa modesta*

图 14-39 帆鳍鱼 *Histiopterus typus*

五、作业与思考

1. 绘制实验鱼标本的物种外形图,简述其主要形态特征。
2. 根据各科实验鱼标本的物种鉴定和分类特征编制相应的检索表。
3. 试述上述 10 科鱼类的形态特征与物种多样性之间的关系。
4. 从形态学角度思考石首鱼科各属间、羊鱼科各属间的系统发育关系。
5. 总结石首鱼科、羊鱼科、蝴蝶鱼科等鱼类分类的难点和要点。
6. 理解鳔和耳石结构在石首鱼科鱼类分类中的重要作用。

实验 15

鲈形目其他亚目的分类

一、实验目的

1.了解辐鳍鱼纲鲈形目的隆头鱼亚目、龙䲢亚目、鳚亚目、鲻亚目、虾虎鱼亚目、刺尾鱼亚目、鲭亚目、鲳亚目的主要形态特征和分类依据。

2.认识上述 8 亚目的常见种,熟悉检索表的应用,掌握各亚目鱼类的物种鉴定方法。

二、实验材料和工具

1.隆头鱼亚目 Labroidei 的雀鲷科 Pomacentridae、隆头鱼科 Labridae,龙䲢亚目 Trachinoidei 的䲢科 Uranoscopidae,鳚亚目 Blennioidei 的鳚科 Blenniidae,鲻亚目 Callionymoidei 的鲻科 Callionymidae,虾虎鱼亚目 Gobioidei 的塘鳢科 Eleotridae、虾虎鱼科 Gobiidae,刺尾鱼亚目 Acanthuroidei 的刺尾鱼科 Acanthuriade、篮子鱼科 Siganidae,鲭亚目 Scombroidei 的带鱼科 Trichiuridae、鲭科 Scombridae、魣科 Sphyraenidae,鲳亚目 Stromateoidei 的长鲳科 Centrolophidae、鲳科 Stromateidae 等鱼类的福尔马林浸制标本和新鲜标本。

2.解剖盘,镊子,放大镜,一次性手套,刻度尺。

三、实验方法

1.将实验鱼标本按各亚目的形态鉴别特征简单归类置于相应的解剖盘内。

2.通过观察实验鱼标本的体形、体色、颌骨、颌齿、鳃耙、侧线鳞等形态特征,并结合体长、体高、鳍式、鳞式、鳃耙数等测量数据,依据检索表描述对各亚目的实验鱼标本进行物种鉴定。

3.对实验鱼标本进行拍照、编号整理和记录实验结果。

四、实验内容

(一)鲈形目其他 8 亚目的形态鉴别特征

1.隆头鱼亚目 Labroidei:体呈椭圆形或延长;体色鲜艳多变;口中大,端位;前颌骨固着或不固着于上颌骨;左右下咽骨愈合;鼻孔每侧 2 个;背鳍 1 个,鳍棘与鳍条相连。

2.龙䲢亚目 Trachinoidei:体延长,近圆筒形或侧扁;口大,上位,多斜裂;两颌齿绒毛状,常具锥状齿或犬齿;背鳍鳍棘与鳍条分离或连续;臀鳍基部较长,与背鳍鳍条相对。

3. 鳚亚目 Blennioidei：体延长，侧扁；头部常具皮须；腹鳍无或喉位，鳍棘 1、鳍条 1～4；背鳍 1～3 个；臀鳍鳍棘 1～2。

4. 䲗亚目 Callionymoidei：体延长，平扁或近圆筒形；头宽而平扁；口小，平横；体无鳞；腹鳍位于胸鳍前方，鳍棘 1、鳍条 5；背鳍 1～2 个；臀鳍无鳍棘。

5. 虾虎鱼亚目 Gobioidei：体常呈亚圆筒形、鳗形或卵圆形，侧扁；腹鳍胸位，左右腹鳍接近或愈合成吸盘；胸鳍基底肌肉不发达或呈臂状；背鳍 1～2 个。

6. 刺尾鱼亚目 Acanthuroidei：体呈卵圆形或长圆形，侧扁而高；口偏下，吻尖突；腹鳍鳍棘 1、鳍条 2～3，或内外鳍棘 2、中间鳍条 3；臀鳍鳍棘 2～3 或 7～9；尾柄具骨板或棘。

7. 鲭亚目 Scombroidei：体延长侧扁或纺锤形；前颌骨固着于上颌骨，不能伸缩；上颌短于下颌；齿强硬，毒牙状。

8. 鲳亚目 Stromateoidei：体呈卵圆形或长椭圆形，侧扁；食管具侧囊，囊内具细齿；侧线完全，头部分支复杂；腹鳍常为胸位、亚胸位，或无。

（二）隆头鱼亚目实验鱼标本的物种检索表

1(10) 鼻孔每侧 1 个 ·· 雀鲷科 Pomacentridae
2(1) 尾鳍基部上、下缘具棘状小刺
3(5) 前鳃盖骨后缘呈锯齿状；背鳍鳍棘 12～13 ················ 锯雀鲷属 Pristotis
4(3) 下鳃盖骨后缘呈锯齿状；胸鳍基部上缘具黑斑 ······ 钝吻锯雀鲷 Pristotis obtusirostris
5(3) 前鳃盖骨后缘光滑；背鳍鳍棘 13～14；体侧具横带 ······ 豆娘鱼属 Abudefduf
6(9) 眶前骨无鳞；尾鳍上下叶无黑色带
7(8) 背鳍前鳞达眼上方；背鳍鳍条末端尖突 ······ 孟加拉豆娘鱼 Abudefduf bengalensis
8(7) 背鳍前鳞超过眼上方；背鳍鳍条末端圆突 ································
··························· 七带豆娘鱼 Abudefduf septemfasciatus
9(6) 眶前骨被鳞；尾鳍上下叶具黑色带 ······ 六线豆娘鱼 Abudefduf sexfasciatus
10(1) 鼻孔每侧 2 个 ·· 隆头鱼科 Labridae
11(14) 侧线不连续，后部中断
12(11) 头背部近垂直；臀鳍鳍棘 2～3、鳍条 11～13 ······ 颈鳍鱼属 Iniistius
13(12) 背鳍第一鳍棘延长，大于头长；背鳍鳍棘下方具黑斑 ································
··························· 洛神颈鳍鱼 Iniistius dea
14(11) 侧线连续，在背鳍鳍条后下方弯曲
15(20) 两颌前端具犬齿
16(18) 两颌前端具犬齿 1～2 对，不弯曲 ·············· 海猪鱼属 Halichoeres
17(16) 背鳍具眼状斑；胸鳍基部具黑斑；体侧具暗色横带 ································
··························· 云斑海猪鱼 Halichoeres nigrescens
18(16) 两颌前端具犬齿 2 对，第二对犬齿向后弯曲 ·············· 尖猪鱼属 Leptojulis
19(18) 颈部具黑斑；体侧具暗色斑块和黄色纵带 ································
··························· 颈斑尖猪鱼 Leptojulis lambdastigma
20(15) 两颌前端具凿状齿 ·································· 紫胸鱼属 Stethojulis
21(20) 雄鱼体侧白色纵带中断，雌鱼体侧具黑色纵带 ································
··························· 断纹紫胸鱼 Stethojulis terina

图 15-1　钝吻锯雀鲷 *Pristotis obtusirostris*

图 15-2　孟加拉豆娘鱼 *Abudefduf bengalensis*

图 15-3　七带豆娘鱼 *Abudefduf septemfasciatus*

图 15-4　六线豆娘鱼 *Abudefduf sexfasciatus*

图 15-5　洛神颈鳍鱼 *Iniistius dea*

图 15-6　云斑海猪鱼 *Halichoeres nigrescens*

图 15-7　颈斑尖猪鱼 *Leptojulis lambdastigma*

图 15-8　断纹紫胸鱼 *Stethojulis terina*

（三）龙䲢亚目、鳚亚目、鮨目实验鱼标本的物种检索表

1(12)口大，上位，多斜裂 ……………………………………… 龙䲢亚目 Trachinoidei

2(1)头大，被粗骨板；口裂垂直；腹鳍喉位 ………………… 䲢科 Uranoscopidae

3(2)背鳍 2 个；鳃盖后上方具强棘 ………………………… 䲢属 Uranoscopus

4(9)头背和体侧具网状纹

5(6)前鳃盖骨下缘具 3 个棘 ……………………… 日本䲢 Uranoscopus japonicus

6(5)前鳃盖骨下缘具 4 个棘

7(8)眼间隔凹陷达眼后缘；头背部红褐色，具浅黄色斑 …… 中华䲢 Uranoscopus chinensis

8(7)眼间隔凹陷不达眼后缘；头背部具网状纹 ……… 少鳞䲢 Uranoscopus oligolepis

9(4)头背和体侧无网状纹

10(11)两背鳍下方具不明显暗色横带 ……………… 双斑䲢 Uranoscopus bicinctus

11(10)前鳃盖骨下缘具 4~6 个棘；背鳍前部具鳞 ……… 项鳞䲢 Uranoscopus tosae

12(1)口中大，端位

13(17)腹鳍鳍条 1~4；头部侧扁 …………………………… 鳚亚目 Blennioidei

14(13)体无鳞；背鳍 1 个；口较小，上颌骨不超过眼后缘 ………………… 鳚科 Blenniidae

15(14)鳃孔不相连；腹鳍鳍棘 1、鳍条 2；奇鳍不相连 ……… 肩鳃鳚属 Omobranchus

16(15)头无冠状皮瓣；体侧具多条暗色细纵纹 … 斑点肩鳃鳚 Omobranchus punctatus

17(13)腹鳍鳍条 5；头部平扁 …………………………… 鮨亚目 Callionymoidei

18(17)前鳃盖骨具棘，主鳃盖骨、下鳃盖骨无棘；鳃孔小；具侧线 … 鮨科 Callionymidae

19(21)前鳃盖棘后端呈钩状；尾鳍中部两鳍条末端不分支 … 深水鮨属 Bathycallionymus

20(19)第二背鳍倒数第二鳍条的末端分支 …… 基岛深水鮨 Bathycallionymus kaianus

21(19)前鳃盖棘后端不呈钩状；尾鳍中部两鳍条末端分支

22(21)体侧无独立侧线分支；尾柄背部具横向侧线；臀鳍鳍条 9 …… 斜棘鮨属 Repomucenus

23(24)第一背鳍鳍棘 3，鳍棘不伸达第二背鳍 ………… 香斜棘鮨 Repomucenus olidus

24(23)第一背鳍鳍棘 4，鳍棘可达第二背鳍

25(27)前鳃盖骨棘后端内弯，内侧棘突强大；雌雄臀鳍不全具黑缘

26(25)雌雄鱼第一背鳍鳍棘不呈丝状延长 …… 弯角斜棘鮨 Repomucenus curvicornis

27(25)前鳃盖骨棘后端平直，内侧棘呈锯齿状；雌雄臀鳍均具黑缘

28(27)雌雄鱼第一背鳍鳍棘具丝状延长 ……… 长崎斜棘鮨 Repomucenus huguenini

图 15-9 日本䲢 Uranoscopus japonicus

图 15-10　中华䲗 *Uranoscopus chinensis*

图 15-11　少鳞䲗 *Uranoscopus oligolepis*

图 15-12　双斑䲗 *Uranoscopus bicinctus*

图 15-13　项鳞䲗 *Uranoscopus tosae*

图 15-14　斑点肩鳃鳚 *Omobranchus punctatus*

图 15-15 基岛深水䲢 *Bathycallionymus kaianus*

图 15-16 香斜棘䲢 *Repomucenus olidus*

图 15-17 弯角斜棘䲢 *Repomucenus curvicornis*

图 15-18 长崎斜棘䲢 *Repomucenus huguenini*

（四）虾虎鱼亚目实验鱼标本的物种检索表

1(6) 左右腹鳍相近，但不愈合成吸盘 …………………………… 塘鳢科 Eleotridae

2(4) 尾鳍基部上方具一黑斑 …………………………… 乌塘鳢属 Bostrychus

3(2) 第二背鳍具 6～7 条暗色纵带 …………………………… 中华乌塘鳢 Bostrychus sinensis

4(2) 尾鳍基部无黑斑；眼上方骨质嵴明显 …………………………… 嵴塘鳢属 Butis

5(4)胸鳍基部具橘色斑点 ·· 嵴塘鳢 *Butis butis*

6(1)左右腹鳍多愈合成吸盘；眼背侧位；口斜裂，不呈上位·············· 虾虎鱼科 Gobiidae

7(46)体不呈鳗形；背鳍 2 个；奇鳍不相连

8(41)两颌齿多行，少数 2 行

9(11)颈部具皮嵴突起，较低平；尾鳍尖突，大于头长 ·········· 沟虾虎鱼属 *Oxyurichthys*

10(9)第一背鳍前侧具鳞；纵列鳞 46～69 ····· 小鳞沟虾虎鱼 *Oxyurichthys microlepis*

11(9)颈部无皮嵴突起

12(18)舌端深凹或分叉；口裂达眼后方

13(12)胸鳍无游离鳍条；体侧鳞片较大，纵列鳞 27～35 ····· 舌虾虎鱼属 *Glossogobius*

14(15)瞳孔虹彩具尖突；第一背鳍具 2 个大黑斑 ··· 双斑舌虾虎鱼 *Glossogobius biocellatus*

15(14)瞳孔虹彩无尖突；第一背鳍无大黑斑；腹鳍无暗色斜纹

16(17)头背部密布小黑斑 ·················· 斑纹舌虾虎鱼 *Glossogobius olivaceus*

17(16)头背部无小黑斑；颊部具斜行暗纹 ·········· 金黄舌虾虎鱼 *Glossogobius aureus*

18(12)颈部无皮嵴突起；舌端圆形；口裂仅达眼下方

19(24)头部具须

20(22)颊部具小须；眼小，不突出于头背；两颌外行齿呈三叉状 ··· 缟虾虎鱼属 *Tridentiger*

21(20)头前部具许多小须；体侧具不规则斜纹 ····· 髭缟虾虎鱼 *Tridentiger barbatus*

22(20)颊无小须；眼小，小于吻长 ·························· 犁虾虎鱼属 *Gobiopsis*

23(22)吻部具皮瓣；背鳍前鳞 18～19 ········· 大口犁虾虎鱼 *Gobiopsis macrostoma*

24(19)头无须

25(27)体侧具 3 个较大黑斑 ·························· 裸颊虾虎鱼属 *Yongeichthys*

26(25)胸鳍基部具暗色斑块；尾鳍具数列黑斑 ····· 云斑裸颊虾虎鱼 *Yongeichthys nebulosus*

27(25)体侧无圆形大黑斑

28(38)吻不突出；下颌突出

29(31)第一背鳍鳍棘 7～10；胸鳍无游离鳍条 ··············· 刺虾虎鱼属 *Acanthogobius*

30(29)背鳍具黑色纵行小点；尾鳍基具黑斑 ····· 斑鳍刺虾虎鱼 *Acanthogobius stigmothonus*

31(29)第一背鳍鳍棘 6

32(35)纵列鳞 44～120

33(32)第一背鳍鳍棘呈丝状延长，可达第二背鳍基后方 ····· 犁突虾虎鱼属 *Myersina*

34(33)第一背鳍基具一黑斑；体侧具横带 ··········· 丝鳍犁突虾虎鱼 *Myersina filifer*

35(32)纵列鳞 20～43

36(35)体侧扁；鳃盖上部无鳞；尾鳍无斜带 ·················· 缰虾虎鱼属 *Amoya*

37(39)体侧具亮绿色斑点；尾鳍基上方具黑斑 ··· 绿斑缰虾虎鱼 *Amoya chlorostigmatoides*

38(28)吻突出；两颌约等长

39(38)鳃盖上部具鳞；颊部无鳞，具横纵感觉乳突线 ····· 细棘虾虎鱼属 *Acentrogobius*

40(39)峡部具鳞；胸鳍基上方具一黑斑 ····· 犬牙细棘虾虎鱼 *Acentrogobius caninus*

41(8)两颌齿一般 1 行；眼小，背侧位；胸鳍发达，或呈臂状；第一背鳍鳍棘 5

42(44)下颌具须；第一背鳍细长 ·························· 青弹涂鱼属 *Scartelaos*

43(42)头部无黄色斑纹；第一背鳍灰黑；尾鳍具横纹 ····· 青弹涂鱼 *Scartelaos histophorus*

44(42)下颌无须；第一背鳍宽阔 ·················· 大弹涂鱼属 *Boleophthalmus*

45(44)第二背鳍具纵行小白斑 ············· 大弹涂鱼 *Boleophthalmus pectinirostris*

46(7)体呈鳗形；背鳍 2 个，连续；奇鳍相连

47(50)鳃盖上方无凹陷；眼退化；颌齿长而弯，口闭时突出

48(47)口中大，具许多外露犬齿；胸鳍短于腹鳍，鳍条少于 20 ··· 须鳗虾虎鱼属 *Taenioides*

49(48)奇鳍不相连；头长小于腹鳍后缘至肛门的距离 ····· 须鳗虾虎鱼 *Taenioides cirratus*

50(47)鳃盖上方具凹陷；眼甚小；颌齿短

51(50)左右腹鳍愈合，呈漏斗状，后缘无缺刻 ·············· 孔虾虎鱼属 *Trypauchen*

52(51)体被鳞小，横列鳞 20～24 ·············· 孔虾虎鱼 *Trypauchen vagina*

图 15-19 中华乌塘鳢 *Bostrychus sinensis*

图 15-20 嵴塘鳢 *Butis butis*

图 15-21 小鳞沟虾虎鱼 *Oxyurichthys microlepis*

图 15-22 双斑舌虾虎鱼 *Glossogobius biocellatus*

图 15-23　斑纹舌虾虎鱼 *Glossogobius olivaceus*

图 15-24　金黄舌虾虎鱼 *Glossogobius aureus*

图 15-25　髭缟虾虎鱼 *Tridentiger barbatus*

图 15-26　大口鬐虾虎鱼 *Gobiopsis macrostoma*

图 15-27　云斑裸颊虾虎鱼 *Yongeichthys nebulosus*

图 15-28　斑鳍刺虾虎鱼 *Acanthogobius stigmothonus*

图 15-29　丝鳍犁突虾虎鱼 *Myersina filifer*

图 15-30　绿斑缰虾虎鱼 *Amoya chlorostigmatoides*

图 15-31　犬牙细棘虾虎鱼 *Acentrogobius caninus*

图 15-32　青弹涂鱼 *Scartelaos histophorus*

图 15-33　大弹涂鱼 *Boleophthalmus pectinirostris*

图 15-34　须鳗虾虎鱼 *Taenioides cirratus*

图 15-35　孔虾虎鱼 *Trypauchen vagina*

（五）刺尾鱼亚目实验鱼标本的物种检索表

1(4)腹鳍鳍棘 1,鳍条 5;尾柄具棘或骨板 ………………………… 刺尾鱼科 Acanthuriade

2(1)尾柄两侧具 1～2 个盾状骨板;背鳍鳍棘 4～7;腹鳍鳍棘 1;臀鳍鳍棘 2 … 鼻鱼属 Naso

3(2)背鳍鳍棘 5,鳍条 26～31;体长与体高比小于 2.7 ……… 方吻鼻鱼 Naso mcdadei

4(1)腹鳍内外具鳍棘 1,中间鳍条 3 ………………………………… 篮子鱼科 Siganidae

5(4)背鳍鳍棘 13,具向前棘,埋于皮下 ………………………… 篮子鱼属 Siganus

6(8)背鳍鳍棘与鳍条间具缺刻,最后鳍棘等于或短于第一棘;背鳍、臀鳍鳍条圆形

7(6)体黄褐色,具黑色小斑点;尾鳍略凹 ………………… 褐篮子鱼 Siganus fuscescens

8(6)背鳍鳍棘与鳍条间无缺刻,最后鳍棘长于第一棘;背鳍、臀鳍鳍条角形

9(8)体侧散布金棕色圆斑;背鳍鳍条下方具金黄色斑块 …… 星斑篮子鱼 Siganus guttatus

图 15-36　方吻鼻鱼 *Naso mcdadei*

图 15-37　褐篮子鱼 *Siganus fuscescens*

图 15-38　星斑篮子鱼 *Siganus guttatus*

（六）鲭亚目带鱼科实验鱼标本的物种检索表

1（6）胸鳍上方侧线近直线；腹鳍退化为鳞状突起；上颌犬齿不呈钩状

2（4）头背缘平直 ·· 小带鱼属 *Eupleurogrammus*

3（2）体银白色；腹鳍位于背鳍第 15～17 鳍条下方 ········· 小带鱼 *Eupleurogrammus muticus*

4（2）头背缘隆起 ·· 狭颅带鱼属 *Tentoriceps*

5（4）腹鳍位于背鳍第 9～12 鳍条下方 ················· 狭颅带鱼 *Tentoriceps cristatus*

6（1）胸鳍上方侧线明显弯曲；无腹鳍；上颌犬齿呈钩状

7（9）臀鳍第一鳍棘发达，其长大于眼径之半 ············· 沙带鱼属 *Lepturacanthus*

8（7）背鳍、胸鳍淡黄色；尾细长 ····················· 沙带鱼 *Lepturacanthus savala*

9（7）臀鳍第一鳍棘不发达，其长短于瞳孔 ············· 带鱼属 *Trichiurus*

10（11）个体小；肛门位于背鳍第 34～35 鳍条下方；尾部粗短；背鳍白色；颅骨上枕骨无骨瘤 ··· 短带鱼 *Trichiurus brevis*

11（10）个体大；肛门位于背鳍第 38～42 鳍条下方；上枕骨后端具骨瘤

12（13）体偏瘦；尾部细长，呈鞭状；背鳍和胸鳍基部灰白色；全长为肛长的 3 倍左右；左右额骨可分离 ································· 日本带鱼 *Trichiurus japonious*

13(12)体偏肥;尾部细短,收缩快;背鳍和胸鳍基部呈黄色;全长为肛长的 2.5 倍左右;左右额骨愈合,不可分开 …………………………………… 南海带鱼 *Trichiurus nanhaiensis*

图 15-39　小带鱼 *Eupleurogrammus muticus*

图 15-40　沙带鱼 *Lepturacanthus savala*

图 15-41　短带鱼 *Trichiurus brevis*

图 15-42　日本带鱼 *Trichiurus japonious*

图 15-43　南海带鱼 *Trichiurus nanhaiensis*

（七）鲭亚目鲭科、魣科实验鱼标本的物种检索表

1(23) 尾柄具嵴 …………………………………………………………………… 鲭科 Scombridae

2(7) 尾柄每侧具 2 个嵴；第二背鳍和臀鳍后方具 5 个小鳍

3(5) 体被鳞较大；鳃耙羽状，口腔中可见；犁骨、腭骨无齿 ……… 羽鳃鲐属 Rastrelliger

4(3) 体背侧上部具 1～2 列黑斑；臀鳍无棘 …………… 羽鳃鲐 Rastrelliger kanagurta

5(3) 体被鳞较小；鳃耙正常；犁骨、腭骨具齿 …………………………… 鲭属 Scomber

6(5) 侧线上方具深色蠕虫纹；臀鳍鳍棘 1 …………………… 日本鲭 Scomber japonicus

7(2) 尾柄每侧具 3 个嵴，中央嵴较大；第二背鳍和臀鳍后方小鳍多于 5

8(14) 颌齿发达，呈三角形；胸甲鳞不明显

9(8) 吻长短于吻后头长；上颌骨末端裸露；第一背鳍鳍棘 12～22 …… 马鲛属 Scomberomorus

10(11) 侧线在第二背鳍下方急降；体侧具横纹 ……… 康氏马鲛 Scomberomorus commerson

11(10) 侧线平直或逐渐下降

12(13) 体高约等于头长；上颌长约为头长一半 …… 斑点马鲛 Scomberomorus guttatus

13(12) 体高大于头长；上颌长大于头长一半 …… 朝鲜马鲛 Scomberomorus koreanus

14(8) 颌齿细小，呈圆锥形；胸甲鳞明显

15(17) 舌上无嵴；无舌齿；体侧上半部具黑色纵纹 ……………………… 狐鲣属 Sarda

16(15) 体背上半部具 5～10 条黑色纵纹；第二背鳍后小鳍 6～7 ………………………

……………………………………………………………… 东方狐鲣 Sarda orientalis

17(15) 舌上具 2 个纵向嵴

18(20) 两背鳍距离大于第一背鳍基底长；第一背鳍鳍棘 10～12 ……… 舵鲣属 Auxis

19(19) 胸甲鳞不延伸至第二背鳍 ……………………………… 扁舵鲣 Auxis thazard

20(18) 两背鳍距离远小于第一背鳍基底长；第一背鳍鳍棘 12～16

21(20) 体被鳞细小，胸甲鳞发达；体背无条纹；胸鳍鳍条 30～36 … 金枪鱼属 Thunnus

22(21) 鳃耙数 20～25；胸鳍伸达第二背鳍；腹侧具白斑 … 青干金枪鱼 Thunnus tonggol

23(1) 尾柄无嵴；背鳍 2 个，相远离，第一背鳍鳍棘 5 ……………… 魣科 Sphyraenidae

24(23) 上颌宽大，下颌尖突；下颌缝合处具犬齿 ……………………………… 魣属 Sphyraena

25(28) 体侧具暗色横纹，呈鞍形或"<"形；上颌骨末端达眼前缘下方

26(27) 体侧横纹呈"<"形 ……………………………… 倒牙魣 Sphyraena putnamae

27(26) 体侧横纹上半斜行、下半垂直；尾鳍黄色，具黑缘 …… 斑条魣 Sphyraena jello

28(25) 体侧无暗色横纹；上颌骨末端不达眼前缘下方

29(28) 鳃耙呈瘤状；胸鳍腋后具暗色斑纹 …………… 大眼魣 Sphyraena forsteri

图 15-44　羽鳃鲐 Rastrelliger kanagurta

图 15-45　日本鲭 *Scomber japonicus*

图 15-46　康氏马鲛 *Scomberomorus commerson*

图 15-47　斑点马鲛 *Scomberomorus guttatus*

图 15-48　朝鲜马鲛 *Scomberomorus koreanus*

图 15-49 东方狐鲣 *Sarda orientalis*

图 15-50 扁舵鲣 *Auxis thazard*

图 15-51 青干金枪鱼 *Thunnus tonggol*

图 15-52 倒牙鲬 *Sphyraena putnamae*

图 15-53　倒牙鲟 *Sphyraena putnamae*

图 15-54　大眼鲟 *Sphyraena forsteri*

（八）鲳亚目实验鱼标本的物种检索表

1(4)体延长；上颌齿呈锥形；具腹鳍；背鳍鳍条不呈镰刀状 …… 长鲳科 Centrolophidae

2(1)腹鳍基部位于胸鳍基部前下方；背鳍鳍条前具分离硬棘 6～7 ……………………………

……………………………………………………………………… 刺鲳属 *Psenopsis*

3(2)颊部无鳞；鳃盖后上方具黑斑；尾鳍后缘黑色 ………… 刺鲳 *Psenopsis anomala*

4(1)体侧扁而高；上颌齿侧扁；无腹鳍；青鳍鳍条呈镰刀状 ……… 鲳科 Stromateidae

5(4)口小；颌齿细小；犁骨、腭骨和舌无齿；鳃盖骨具扁棘 ……………… 鲳属 *Pampus*

6(7)背鳍和臀鳍后缘不深凹陷，幼鱼背鳍和臀鳍呈截形；无戟状硬棘；尾鳍分叉浅，上下

叶等长 …………………………………………………………… 中国鲳 *Pampus chinensis*

7(6)背鳍和臀鳍后缘深凹，前部鳍条隆起呈镰刀状；具戟状硬棘；尾鳍深叉形，下叶通常

长于上叶

8(11)臀鳍前部鳍条延伸短，不超过尾鳍基部

9(10)眼大，眼径约为吻长的 2 倍；侧线上下方的感觉管丛沿侧线延伸，超过胸鳍起点；

脊椎骨数 30 …………………………………………………………… 珍鲳 *Pampus minor*

10(9)眼小，眼径略大于吻长；侧线上下方的感觉管丛不伸达胸鳍基部；脊椎骨数 40 …

……………………………………………………………… 银鲳 *Pampus argenteus*

11(8)臀鳍前部鳍条延伸长，超过尾鳍基部

12(13)口端位；鳃耙长而纤细；脊椎骨数 34 …………… 翎鲳 *Pampus punctatissimus*

13(12)口亚端位；鳃耙结节状；脊椎骨数 34 以上；眼大，眼径长约占头长 1/3；胸鳍很

长，为体长的 42.0%～47.2%；脊椎骨数 36 ………………… 灰鲳 *Pampus cinereus*

图 15-55 刺鲳 *Psenopsis anomala*

图 15-56 中国鲳 *Pampus chinensis*

图 15-57 银鲳 *Pampus argenteus*

图 15-58　灰鲳 *Pampus cinereus*

图 15-59　珍鲳 *Pampus minor*

五、作业与思考

1. 绘制实验鱼标本的物种外形图,简述其主要形态特征。

2. 根据各亚目实验鱼标本的物种鉴定和分类特征编制相应的检索表。

3. 试述上述 8 亚目鱼类的形态特征与物种多样性之间的关系。

4. 上述各亚目鱼类的主要形态差异有哪些?它们在鲈形目中的系统地位又如何?

5. 总结隆头鱼亚目、鲔亚目、虾虎鱼亚目、带鱼亚目、鲭亚目、鲳亚目等鱼类分类的难点和关键之处。

6. 从形态学角度思考虾虎鱼亚目、鲭亚目、鲳亚目的各科及属间的系统发育关系。

7. 从形态学角度思考鲭亚目提升为鲭形目、鲳亚目提升为鲳形目的可行性及依据。

实验 16

鲉形目、鲽形目、鲀形目的分类

一、实验目的

1. 了解辐鳍鱼纲鲉形目、鲽形目、鲀形目等鱼类的主要形态特征和分类依据。
2. 认识上述 3 目的常见种,熟悉检索表的应用,掌握各目鱼类的物种鉴定方法。

二、实验材料和工具

1. 鲉形目 Scorpaeniformes 的鲉科 Scorpaenidae、黄鲂鮄科 Peristediidae、毒鲉科 Synanceiidae、鲂鮄科 Triglidae、豹鲂鮄科 Dactylopteridae、鲬科 Platycephalidae,鲽形目 Pleuronectiformes 的鲆科 Bothidae、牙鲆科 Paralichthyidae、鲽科 Pleuronectidae、舌鳎科 Cynoglossidae、鳎科 Soleidae,鲀形目 Tetraodontiformes 的单角鲀科 Monacanthidae、三刺鲀科 Triacanthidae、鲀科 Tetraodontidae 等鱼类的福尔马林浸制标本和新鲜标本。

2. 解剖盘,镊子,放大镜,一次性手套,刻度尺。

三、实验方法

1. 将实验鱼标本按各目的形态鉴别特征简单归类置于相应的解剖盘内。
2. 通过观察实验鱼标本的体形、体色、头部棱棘、颌骨、颌齿、鳃耙、侧线鳞等形态特征,并结合体长、体高、鳍式、鳞式、鳃耙数等测量数据,依据检索表描述对各科的实验鱼标本进行物种鉴定。
3. 对实验鱼标本进行拍照、编号整理和记录实验结果。

四、实验内容

(一)鲉形目、鲽形目、鲀形目的形态鉴别特征

1. 鲉形目 Scorpaeniformes:第二眶下骨向后延伸,附于前鳃盖骨上;头常具棱、棘或骨板;体被栉鳞或圆鳞、骨板,或光滑无鳞;背鳍 1～2 个;胸鳍宽大,具游离鳍条或无;臀鳍鳍棘 1～3,或无。

2. 鲽形目 Pleuronectiformes:体甚侧扁,不对称;两眼位于体一侧;背鳍、臀鳍基底较长,一般无鳍棘;成鱼一般无鳔。

3. 鲀形目 Tetraodontiformes:体侧扁,或圆筒型、箱型;体被骨化鳞片、骨板、骨刺或绒毛状鳞;前颌骨和上颌骨一般愈合成骨喙;两颌齿呈锥形、门齿形或喙状板齿;背鳍 1～2 个。

（二）鲉形目常见科的检索表

1（10）背鳍第一鳍棘不游离；头无骨板形成的头甲；胸鳍不达尾鳍基部

2（5）头、体侧扁，不扁平；头不被骨板

3（4）腹鳍基短；头背部无凹窝；背鳍鳍棘 13 ……………………… 鲉科 Scorpaenidae

4（3）腹鳍基长；腹鳍基较短时，头背部具明显凹窝 ………… 毒鲉科 Synanceiidae

5（2）头、体明显扁平，头不被骨板；头侧扁时，具骨板

6（7）头平扁，无骨板；腹鳍亚胸位；胸鳍下方无游离鳍条 ………… 鲬科 Platycephalidae

7（6）头侧扁，被骨板；胸鳍下方具游离鳍条

8（9）胸鳍下方游离鳍条 3；下颌无须；体被细鳞 ………………… 鲂鮄科 Triglidae

9（8）胸鳍下方游离鳍条 2；下颌具须；体被骨板 ………… 黄鲂鮄科 Peristediidae

10（1）背鳍第一鳍棘游离；头具骨板；胸鳍伸达尾鳍基部 …… 豹鲂鮄科 Dactylopteridae

（三）鲉形目鲉科、毒鲉科实验鱼标本的物种检索表

1（22）体被鳞；鳃盖膜不连于峡部；臀鳍鳍棘 3 …………………… 鲉科 Scorpaenidae

2（4）背鳍起点位于眼上方 ………………………… 拟鳞鲉属 Paracentropogon

3（2）胸鳍不达臀鳍基部；背鳍具黑斑 ……… 红鳍拟鳞鲉 Paracentropogon rubripinnis

4（2）背鳍起点位于头后方

5（14）胸鳍、背鳍鳍条明显延长

6（11）胸鳍不达尾柄；胸鳍上半部鳍条分支

7（9）下颌腹部具 3 列纵行锯齿棱；背鳍鳍棘基本不分离 …… 短棘蓑鲉属 Brachypterois

8（7）头部骨棱锯齿状；眶前骨下方具棘 ……… 锯棱短棘蓑鲉 Brachypterois serrulata

9（7）下颌腹部无锯齿棱；背鳍鳍棘多数分离 ………… 短鳍蓑鲉属 Dendrochirus

10（9）眼上方具一长皮瓣；臀鳍鳍棘 3、鳍条 6～7 ………………………
…………………………………………… 花斑短鳍蓑鲉 Dendrochirus zebra

11（6）胸鳍很长，超过尾鳍基部；胸鳍鳍条不分支 ………… 蓑鲉属 Pterois

12（13）胸鳍鳍条超过尾柄；胸鳍密布黑斑；尾柄具暗色横带 …………………………
…………………………………………… 触角蓑鲉 Pterois antennata

13（12）胸鳍鳍条不超过尾柄；奇鳍无斑点 ………… 环纹蓑鲉 Pterois lunulata

14（5）胸鳍鳍条不延长

15（18）头部棱棘弱或无；眶下棱不明显

16（15）胸鳍圆形；尾鳍截形 ………………………… 菖鲉属 Sebastiscus

17（16）眶下棱无棘；体侧具白斑；胸鳍鳍条 17～19 …… 褐菖鲉 Sebastiscus marmoratus

18（15）头部棱棘发达；眶下棱明显

19（18）枕骨具凹陷；眼间隔无鳞；腭骨无齿；头、体侧具皮瓣 …… 拟鲉属 Scorpaenopsis

20（21）背部隆起明显，体高；胸鳍基内侧密布小黑斑 …………………………
…………………………………………… 魔拟鲉 Scorpaenopsis neglecta

21（20）背部隆起不明显，体较低；主鳃盖骨棘间具鳞 …………………………
…………………………………………… 红拟鲉 Scorpaenopsis papuensis

22（1）体无鳞；鳃盖膜连于峡部；臀鳍鳍棘 2 ………… 毒鲉科 Synanceiidae

23(25)胸鳍下部游离鳍条 2；头粗大 ·· 鬼鲉属 *Inimicus*

24(23)背鳍具深缺刻；胸鳍内侧黑色，具白斑 ·········· 中华鬼鲉 *Inimicus sinensis*

25(23)胸鳍下部无游离鳍条；臀鳍无棘 ·················· 粗头鲉属 *Trachicephalus*

26(25)尾鳍末端上下缘白色；臀鳍鳍条 14～16 ·····································

················· 瞻星粗头鲉 *Trachicephalus uranoscopus*

(四)鲉形目鲂鮄科、黄鲂鮄科、鲬科、豹鲂鮄科实验鱼标本的物种检索表

1(25)背鳍第一鳍棘不游离；头无骨板形成的头甲；胸鳍不达尾鳍基部

2(11)头、体侧扁；头具棱棘或骨板；背鳍鳍棘发达

3(8)胸鳍下部游离鳍条 3；两颌具齿；下颌无须；体被鳞 ············· 鲂鮄科 Triglidae

4(6)吻钝圆；颊部隆起线明显；体被圆鳞 ············· 绿鳍鱼属 *Chelidonichthys*

5(4)胸鳍不达第二背鳍中下方 ·············· 棘绿鳍鱼 *Chelidonichthys spinosus*

6(4)吻细长或呈三角形；颊部无隆起线；体被栉鳞 ············· 红娘鱼属 *Lepidotrigla*

7(6)胸鳍不达第二背鳍；吻尖突，呈长三角形，无小棘 ··· 翼红娘鱼 *Lepidotrigla alata*

8(3)胸鳍下部游离鳍条 2；两颌无齿；下颌具须；体被骨板 ··· 黄鲂鮄科 Peristediidae

9(8)前鳃盖骨后角具棘；两颌无齿；背鳍鳍条少于 18 ············· 红鲂鮄属 *Satyrichthys*

10(9)唇须、颏须各 2 根；体侧密布暗色小点 ··········· 瑞氏红鲂鮄 *Satyrichthys rieffeli*

11(2)头、体明显扁平；体被鳞

12(11)下鳃盖骨无棘；腹鳍亚胸位，位于胸鳍基部后方 ············· 鲬科 Platycephalidae

13(16)眼间隔宽；头背棱棘低弱；头甚扁平 ·················· 鲬属 *Platycephalus*

14(15)下颌略尖；体侧无暗色横带；尾鳍具黄色条带 ·········· 鲬 *Platycephalus indicus*

15(14)下颌圆形；体侧具暗色横带；尾鳍无黄色条带 ········ 褐斑鲬 *Platycephalus* sp.

16(13)眼间隔较狭；头背棱棘强；头较扁平

17(22)眶下棱棘 2～4 个

18(20)侧线鳞均具强棘 ·································· 棘线鲬属 *Grammoplites*

19(18)侧线鳞棘向后延伸；体侧具黑色横带 ·········· 横带棘线鲬 *Grammoplites scaber*

20(18)侧线鳞的前部具棘 ································ 瞳鲬属 *Inegocia*

21(20)吻短；第一背鳍鳍条 12；臀鳍鳍条 12 ·········· 日本瞳鲬 *Inegocia japonica*

22(17)眶下棱棘多于 5 个

23(22)虹膜上片不呈倒耙状；间鳃盖骨无支鞭 ············· 犬牙鲬属 *Ratabulus*

24(23)两颌具犬齿；第一背鳍具黑色斜带 ··········· 犬牙鲬 *Ratabulus megacephalus*

25(1)背鳍第一鳍棘游离，甚长；头具骨板形成的头甲；胸鳍伸达尾鳍基部

26(25)体延长，呈方柱形；背鳍 2 个，游离鳍棘 1～2 ··· 豹鲂鮄科 Dactylopteridae

27(30)背鳍游离鳍棘 2；侧线不明显 ·················· 豹鲂鮄属 *Dactyloptena*

28(29)吻突短；臀鳍无黑斑 ··········· 吉氏豹鲂鮄 *Dactyloptena gilberti*

29(28)吻突较长；臀鳍具一黑斑 ········· 东方豹鲂鮄 *Dactyloptena orientalis*

30(27)背鳍游离鳍棘 1 ···························· 单棘豹鲂鮄属 *Daicocus*

31(30)第一背鳍鳍条 6；臀鳍鳍条 6～7；体侧具黑色小斑 ·······························

···················· 单棘豹鲂鮄 *Daicocus peterseni*

图 16-1　红鳍拟鳞鲉 *Paracentropogon rubripinnis*

图 16-2　锯棱短棘蓑鲉 *Brachypterois serrulata*

图 16-3　花斑短鳍蓑鲉 *Dendrochirus zebra*

图 16-4　触角蓑鲉 *Pterois antennata*

图 16-5　环纹蓑鲉 *Pterois lunulata*

图 16-6　褐菖鲉 *Sebastiscus marmoratus*

图 16-7　魔拟鲉 *Scorpaenopsis neglecta*

图 16-8　红拟鲉 *Scorpaenopsis papuensis*

图 16-9　中华鬼鲉 *Inimicus sinensis*

图 16-10　瞻星粗头鲉 *Trachicephalus uranoscopus*

图 16-11　棘绿鳍鱼 *Chelidonichthys spinosus*

图 16-12　翼红娘鱼 *Lepidotrigla alata*

图 16-13 瑞氏红鲂鮄 *Satyrichthys rieffeli*

图 16-14 鲬 *Platycephalus indicus*

图 16-15 褐斑鲬 *Platycephalus* sp.

图 16-16 横带棘线鲬 *Grammoplites scaber*

图 16-17 日本瞳鲬 *Inegocia japonica*

图 16-18　犬牙鲬 *Ratabulus megacephalus*

图 16-19　吉氏豹鲂鮄 *Dactyloptena gilberti*

图 16-20　东方豹鲂鮄 *Dactyloptena orientalis*

图 16-21　单棘豹鲂鮄 Daicocus peterseni

（五）鲽形目常见科的检索表

1（6）前鳃盖骨后缘游离；体两侧鼻孔不对称；胸鳍明显

2（5）眼通常位于头左侧

3（4）腹鳍不对称，有眼侧基底较长；胸鳍、腹鳍鳍条不分支 …………… 鲆科 Bothidae

4（3）腹鳍对称，体两侧基底约等长；胸鳍、腹鳍鳍条具分支 … 牙鲆科 Paralichthyidae

5（2）眼位于头右侧；体两侧具侧线；无眼侧具胸鳍………… 鲽科 Pleuronectidae

6（1）前鳃盖骨后缘埋于皮下；体两侧鼻孔对称；胸鳍不明显或无

7（8）眼位于头左侧；体呈长舌形；无胸鳍；有眼侧具腹鳍 ……… 舌鳎科 Cynoglossidae

8（7）眼位于头右侧；体呈卵圆形；有胸鳍或无；体两侧具腹鳍 ………… 鳎科 Soleidae

（六）鲽形目鲆科、牙鲆科、鲽科实验鱼标本的物种检索表

1（13）眼通常位于头左侧

2（5）腹鳍不对称，有眼侧基底较长；胸鳍、腹鳍鳍条不分支 ……… 鲆科 Bothidae

3（2）有眼侧腹鳍起点位于下眼中线；侧线鳞多于 50 ……… 缨鲆属 Crossorhombus

4（3）上颌齿 1 行；下鳃耙 6～8；胸鳍不呈丝状延长…… 青缨鲆 Crossorhombus azureus

5（2）腹鳍对称，体两侧基底约等长；胸鳍、腹鳍鳍条具分支 …… 牙鲆科 Paralichthyidae

6（5）两颌齿 1 行，无犬齿；鳃耙具小刺；侧线鳞多于 50 ……… 斑鲆属 Pseudorhombus

7（12）无眼侧具圆鳞

8（11）背鳍起点与后鼻孔的延长线与上颌相交

9（10）背鳍起点位于眼前缘；侧线直线前后具黑斑 … 大牙斑鲆 Pseudorhombus arsius

10（9）背鳍起点位于眼上方；背腹缘及侧线具黑斑 ………………………………………

…………………………………… 南海斑鲆 Pseudorhombus neglectus

11（8）背鳍起点与后鼻孔的延长线不与上颌相交；侧线直线处具 2 个黑斑 …………

……………………………… 桂皮斑鲆 Pseudorhombus cinnamoneus

12(7)无眼侧具栉鳞;鳃孔后缘具 2 个明显黑点 … 少牙斑鲆 *Pseudorhombus oligodon*

13(1)眼通常位于头右侧

14(13)体两侧具侧线;无眼侧具胸鳍;腹鳍鳍条分支……………… 鲽科 Pleuronectidae

15(14)口小;无眼侧颌齿发达;有眼侧背、腹缘及侧线具骨板 ………… 石鲽属 *Kareius*

16(15)有眼侧具 3 列纵行骨板;侧线较平直 ………… 石鲽 *Kareius bicoloratus*

(七)蝶形目舌鳎科、鳎科实验鱼标本的物种检索表

1(18)眼位于头左侧;体呈长舌形;无胸鳍;有眼侧具腹鳍 ……… 舌鳎科 Cynoglossidae

2(13)体左侧上下唇无须 ……………………………… 舌鳎属 *Cynoglossus*

3(4)无眼侧具 2 条侧线,具圆鳞;尾鳍鳍条 12 … 四线舌鳎 *Cynoglossus quadrilineatus*

4(3)无眼侧具一侧线或无;尾鳍鳍条 8～10

5(6)尾鳍鳍条 8;具不规则黑斑 ………………… 三线舌鳎 *Cynoglossus trigrammus*

6(5)尾鳍鳍条 10

7(10)无眼侧具圆鳞

8(9)有眼侧中部侧线间鳞 7～9 ……………… 印度舌鳎 *Cynoglossus arel*

9(8)有眼侧中部侧线间鳞 10～11 ……… 宽体舌鳎 *Cynoglossus robustus*

10(7)无眼侧具栉鳞

11(12)有眼侧具 2 条侧线;具不规则条纹或斑块 … 斑头舌鳎 *Cynoglossus puncticeps*

12(11)有眼侧具 3 条侧线;上颌末端达眼后缘………… 焦氏舌鳎 *Cynoglossus joyneri*

13(2)体左侧上下唇具须状突起 ……………… 须鳎属 *Paraplagusia*

14(17)有眼侧具 2 条侧线;吻前端呈钩状

15(16)吻钩超过眼后缘;有眼侧中部侧线间鳞 17～20 ………………………………
…………………………………… 双线须鳎 *Paraplagusia bilineata*

16(15)吻钩不达眼后缘;有眼侧中部侧线间鳞 15～16 ………………………………
…………………………………… 布氏须鳎 *Paraplagusia blochii*

17(14)有眼侧具 3 条侧线;无眼侧体白色,各鳍黑色 ……………………………
…………………………………… 日本须鳎 *Paraplagusia japonica*

18(1)眼位于头右侧;体呈卵圆形;有胸鳍或无;体两侧具腹鳍 ………… 鳎科 Soleidae

19(22)体两侧无胸鳍

20(19)背鳍、臀鳍鳍条分支,基部具小孔 ……………… 豹鳎属 *Pardachirus*

21(20)有眼侧密布黑缘圆斑,圆斑内常具黑点 …… 眼斑豹鳎 *Pardachirus pavoninus*

22(19)体两侧具胸鳍

23(25)奇鳍不相连 …………………………………… 鳎属 *Solea*

24(23)左右腹鳍约对称;有眼侧的背、腹缘及侧线具黑点 ………… 卵鳎 *Solea ovata*

25(23)奇鳍相连或部分相连

26(28)有眼侧无暗色横带 ……………… 宽箬鳎属 *Brachirus*

27(26)无眼侧具栉鳞;有眼侧具暗色云斑………… 东方宽箬鳎 *Brachirus orientalis*

28(26)有眼侧具暗色横带；奇鳍大部分相连；尾鳍具白斑 ·················· 条鳎属 *Zebrias*

29(30)两眼具暗色短须，眼间隔无鳞 ························ 蛾眉条鳎 *Zebrias quagga*

30(29)两眼无短须，眼间隔具鳞 ························ 带纹条鳎 *Zebrias zebrinus*

图 16-22　青缨鲆 *Crossorhombus azureus*

图 16-23　大牙斑鲆 *Pseudorhombus arsius*

图 16-24　南海斑鲆 *Pseudorhombus neglectus*

图 16-25　桂皮斑鲆 *Pseudorhombus cinnamoneus*

图 16-26　少牙斑鲆 *Pseudorhombus oligodon*

图 16-27　石鲽 *Kareius bicoloratus*

图 16-28　四线舌鳎 *Cynoglossus quadrilineatus*

图 16-29　三线舌鳎 *Cynoglossus trigrammus*

图 16-30　印度舌鳎 *Cynoglossus arel*

图 16-31　宽体舌鳎 *Cynoglossus robustus*

图 16-32　斑头舌鳎 *Cynoglossus puncticeps*

图 16-33　焦氏舌鳎 *Cynoglossus joyneri*

图 16-34　双线须鳎 *Paraplagusia bilineata*

图 16-35　布氏须鳎 *Paraplagusia blochi*

图 16-36　日本须鳎 *Paraplagusia japonica*

图 16-37　眼斑豹鳎 *Pardachirus pavoninus*

图 16-38 卵鳎 *Solea ovata*

图 16-39 东方宽箬鳎 *Brachirus orientalis*

图 16-40 蛾眉条鳎 *Zebrias quagga*

图 16-41 带纹条鳎 *Zebrias zebrinus*

(八)鲀形目常见科的检索表

1(4)两颌齿不愈合成板齿;体被鳞或骨板;具腹鳍

2(3)左右腹鳍愈合为一鳍棘;背鳍鳍棘2~3;体被细鳞 …… 单角鲀科 Monacanthidae

3(2)左右腹鳍各具一鳍棘;背鳍鳍棘2~6;尾鳍叉形 ……… 三刺鲀科 Triacanthidae

4(1)两颌齿愈合成板齿,具中央缝;体无鳞或具小刺;无腹鳍 …… 鲀科 Tetraodontidae

(九)鲀形目单角鲀科、三刺鲀科实验鱼标本的物种检索

1(16)左右腹鳍愈合为一鳍棘;背鳍鳍棘2~3;体被细鳞 …… 单角鲀科 Monacanthidae

2(4)臀鳍鳍条多于40;第一背鳍起点位于眼上方 ………… 革鲀属 Aluterus

3(2)体无斑纹;尾鳍截形 ……… 单角革鲀 Aluterus monoceros

4(2)臀鳍鳍条少于40

5(13)腹鳍棘能活动,较细短;第一背鳍棘细长

6(8)腹鳍鳍膜发达;尾柄具4~6个逆行棘 ……… 单角鲀属 Monacanthus

7(6)第一背鳍棘后缘具强倒棘;尾鳍具暗色弧纹 …… 中华单角鲀 Monacanthus chinensis

8(6)腹鳍鳍膜小或中大;尾柄无逆行棘

9(11)腹鳍棘长;尾鳍具丝状延长鳍条 ……… 副单角鲀属 Paramonacanthus

10(9)第二背鳍和臀鳍基部各具2个暗斑 …… 绒纹副单角鲀 Paramonacanthus sulcatus

11(9)腹鳍棘短;尾鳍无丝状延长 ……… 细鳞鲀属 Stephanolepis

12(11)体侧具线状纵带斑纹;尾鳍具暗色弧纹 ……… 丝背细鳞鲀 Stephanolepis cirrhifer

13(5)腹鳍棘不能活动;第一背鳍起点位于眼中央的后上方 …… 马面鲀属 Thamnaconus

14(15)体侧无黑斑;奇鳍黄色;尾鳍后缘黑色 …… 黄鳍马面鲀 Thamnaconus hypargyreus

15(14)体侧密布瞳孔大小的黑色圆斑 …… 密斑马面鲀 Thamnaconus tessellatus

16(1)左右腹鳍各具一鳍棘;背鳍鳍棘2~6;尾鳍叉形 …… 三刺鲀科 Triacanthidae

17(18)吻短钝;第二背鳍棘长小于第一背鳍棘1/2 …… 三刺鲀属 Triacanthus

18(17)吻背部凹陷明显;第一背鳍黑色 …… 双棘三刺鲀 Triacanthus biaculeatus

(十)鲀形目鲀科实验鱼标本的物种检索表

1(4)尾鳍叉形或内凹;尾鳍上下叶末端具白斑 ……… 兔头鲀属 Lagocephalus

2(3)背部小刺分布至背鳍前方;尾鳍下叶白色 …… 月尾兔头鲀 Lagocephalus lunaris

3(2)背部小刺不达背鳍前方;尾鳍下叶末端白色 …… 棕斑兔头鲀 Lagocephalus spadiceus

4(1)尾鳍圆形或截形

5(12)体延长,呈椭圆形;背鳍鳍条12~19;臀鳍鳍条10~16 …… 多纪鲀属 Takifugu

6(9)体背部和腹部皮刺在体侧相连

7(8)体背部暗色横带4~6,密布浅色圆斑 …… 铅点多纪鲀 Takifugu alboplumbeus

8(7)体背部具10多条暗色和白色相间的横带 ……… 横纹多纪鲀 Takifugu oblongus

9(6)体背部和腹部皮刺分离

10(11)皮刺细弱;体背部具橙黄缘的黑色鞍斑 …… 弓斑多纪鲀 Takifugu ocellatus

11(10)皮刺粗糙;胸鳍基部具黑斑;各鳍黄色 …… 黄鳍多纪鲀 Takifugu xanthopterus

12(5)体粗短,呈卵圆形;背鳍鳍条8~10;臀鳍鳍条7~8 ……… 泰氏鲀属 Tylerius

13(12)眼后上方具一褐色斑块;尾鳍后缘黑色 …… 长刺泰氏鲀 Tylerius spinosissimus

图 16-42　单角革鲀 *Aluterus monoceros*

图 16-43　绒纹副单角鲀 *Paramonacanthus sulcatus*

图 16-44　中华单角鲀 *Monacanthus chinensis*

图 16-45　丝背细鳞鲀 *Stephanolepis cirrhifer*

图 16-46　黄鳍马面鲀 *Thamnaconus hypargyreus*

图 16-47　密斑马面鲀 *Thamnaconus tessellatus*

图 16-48　双棘三刺鲀 *Triacanthus biaculeatus*

图 16-49　月尾兔头鲀 *Lagocephalus lunaris*

图 16-50　棕斑兔头鲀 *Lagocephalus spadiceus*

图 16-51　铅点多纪鲀 *Takifugu alboplumbeus*

图 16-52　横纹多纪鲀 *Takifugu oblongus*

图 16-53　弓斑多纪鲀 *Takifugu ocellatus*

图 16-54　黄鳍多纪鲀 *Takifugu xanthopterus*

图 16-55　长刺泰氏鲀 *Tylerius spinosissimus*

六、作业与思考

1. 绘制实验鱼标本的物种外形图，简述其主要形态特征。
2. 根据各目实验鱼标本的物种鉴定和分类特征编制相应的检索表。
3. 试述上述 3 目鱼类的形态特征与其栖息环境、生态习性之间的关系。
4. 总结鮋科、鲽科、鳎科、舌鳎科、鲀科等鱼类分类的难点和关键点。

实验 17

DNA 条形码的物种鉴别

一、实验目的

1. 了解鱼类 DNA 提取、PCR 扩增及测序实验操作,熟悉 DNA 序列变异分析的常用生物信息学软件使用。

2. 掌握 COI 条形码分析方法以及该方法在鱼类物种鉴别中的应用及分析流程。

二、实验材料和工具

1. 实验材料:中国及新西兰近海鲷科 5 属 11 种 124 个个体的新鲜成鱼肌肉样品。

2. 实验器具和仪器:解剖剪刀,镊子,烧杯,离心管,PCR 板,微量移液器,高速离心机,DK-8D 电热恒温水槽,Hema 9600 基因扩增仪,Veriti™ 96 孔热循环仪,DYCP-31DN 型电泳仪,蓝盾 621 紫外透射分析仪,电子天平等。

3. 实验试剂:乙二胺四乙酸二钠、NaOH、十二烷基硫酸钠,三羟甲基氨基甲烷、三氯甲烷、硼酸、饱和酚(Tris 酚)、浓盐酸溶液(37.5 %)、无水乙醇、冰乙酸,琼脂,灭菌超纯水(DDW),蛋白酶 K、EasyTaq DNA 聚合酶,10×EasyTaq 酶缓冲液、6×DNA 上样缓冲液、10 mmol/L dNTP 混合液,DL2000 DNA 标记等。

三、实验方法

1. 根据鲷科鱼类分类资料进行物种鉴定和取肌肉样品,装入含有 95% 酒精溶液的 2.0 mL 离心管中保存备用。

2. 采用传统的蛋白酶-酚/氯仿法提取每个样品的总 DNA,在冰箱冷藏静置 48 h 后进行琼脂糖凝胶电泳检测 DNA 提取质量。

3. 对所有 DNA 样品进行 COI 条形码序列扩增,挑选扩增特异性强的 PCR 产物送至生物科技公司进行测序。

4. 测定序列经生物信息软件拼接、校对,并进行多重比对和定义单倍型,统计序列的平均碱基组成、变异位点、简约信息位点、单突变位点。

5. 计算属间、种间、种内的遗传距离和物种的条形码间隙(barcoding gap),构建基于邻接法(neighbor-joining,NJ)的分子系统进化树,分析物种水平的遗传分化和分子聚类。

四、实验内容

1. DNA 提取、PCR 扩增及测序

在对中国及新西兰近海鲷科鱼类（5 属 11 种 124 个个体）的物种鉴定和取肌肉样的基础上（表 17-1），参照传统的蛋白酶-酚/氯仿法提取每个肌肉样的基因组 DNA。经琼脂糖凝胶电泳质量检测后（图 17-3），采用鱼类 DNA 条形码通用引物 FishF1 和 FishR1、FishF2 和 FishR2 扩增样品的 COI 基因序列，具体引物序列及 PCR 反应退火温度信息见表 17-2。

表 17-1 中国及新西兰近海鲷科 5 属 11 种鱼类的样品信息
及 COI 条形码序列的 GenBank 登录号

种类	采样海域	COI 单倍型序列的 GenBank 登录号
金赤鲷 *Pagrus auratus*	渤海	KY848497,KY848499
	黄海	KY848498,KY855492
	黄海、东海	KY855493
	东海	KY848501
	南海	KY848495,KY848496,KY848500
	新西兰	KY855494,KY855495
蓝点赤鲷 *Pagrus caeruleostictus*	北部湾	KF857267,KF857268
二长棘梨齿鲷 *E. cardinalis*	东海	KY848491,KY848492
	东海	KY855488,KY855491
	东海和南海	KY855489,KY855490
	南海	KY848493,KY848494,KY848487－KY848490
黄牙鲷 *Dentex hypselosomus*	东海	KY848483－ KY848485
	南海	KY848486,KY855486,KY855487
平鲷 *R. sarba*	东海	KY848502,KY848503
	东海和南海	KY855496
黑棘鲷 *A. schlegelii*	渤海	KY848475,KY848476,KY855485
	东海	KY848481,KY848477,KY848478
	东海和南海	KY855484
	南海	KY848474,KY848479,KY848480
琉球棘鲷 *Acanthopagrus chinshira*	北部湾	KY848468
黄鳍棘鲷 *A. latus*	东海	KY848470,KY848471
	东海	KY855481,KY855482
	南海	KY848469,KY848472,KY848473
澳洲棘鲷 *A. australis*	南海	KY848466,KY855480
台湾棘鲷 *Acanthopagrus taiwanensis*	东海	KY848482
太平洋棘鲷 *Acanthopagrus pacificus*	东海和南海	KY848467,KY855483

表 17-2　鲷科鱼类 COI 条形码扩增的引物序列及 PCR 退火温度

引物名称	引物序列	PCR 扩增长度	PCR 反应退火温度
FishF1	5′-TCAACCAACCACAAAGACATTGGCAC-3′	约 700 bp	50～52 ℃
FishR1	5′-TAGACTTCTGGGTGGCCAAAGAATCA-3′		
FishF2	5′-TCGACTAATCATAAAGATATCGGCAC-3′	约 700 bp	50～52 ℃
FishR2	5′-ACTTCAGGGTGACCGAAGAATCAGAA-3′		

PCR 反应的总体积为 50 μL，包括 1.25 U 的 Taq DNA 聚合酶(TaKaRa)，200 nmol/L 的正反向引物，200 μmol/L 的每种 dNTP，10 mmol/L Tris (pH 8.3)，50 mmol/L KCl 和 1.5 mmol/L $MgCl_2$，基因组 DNA 约为 50 ng，用 DDW 补齐体积。每组 PCR 均设阴性对照用来检测是否存在污染。PCR 扩增在 Veriti™ 96 孔热循环仪上进行(图 17-1)，反应程序为：94 ℃ 4 min，94 ℃ 45 s，50～52 ℃ 45 s，72 ℃ 45 s，35 个循环，72 ℃ 7 min。PCR 产物经 1.5％琼脂糖凝胶电泳(图 17-4)，用紫外透射分析仪观察扩增 DNA 条带的长度、清晰度和浓度，并拍照记录(图 17-2、图 17-4)。采用胶回收试剂盒(天根生化科技有限公司)对 PCR 产物进行回收，并挑选扩增特异性强的 PCR 产物送生物科技公司 ABI PRISM™ 3730XL DNA 测序仪进行序列测定，测序引物同 PCR 扩增反应引物。

图 17-1　Veriti™ 96 孔热循环仪

图 17-2　蓝盾 621 紫外透射分析仪

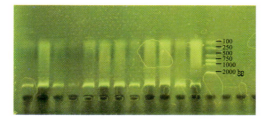

图 17-3　样品 DNA 提取结果质量检测

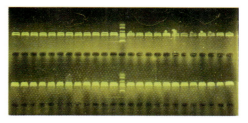

图 17-4　PCR 扩增产物琼脂糖凝胶电泳检测

2. 碱基组成及序列变异分析

经 MegAlign V7.1.0 软件比对去掉两端引物，所获得的 124 个 COI 条形码序列同源长度为 603 bp，编码 201 个氨基酸，并由 DnaSP 5.10.01 软件定义了 57 条 COI 单倍型序列。

MEGA V6 运算显示,124 个 COI 基因序列的 A、T、C、G 平均含量分别为 23.1%、30.4%、27.4%、19.1%,显示出 AT 偏倚(53.5%)和反 G 偏倚;且 3 个密码子 C+G 含量差异较大,其中第一密码子 C+G 含量(56.4%)显著高于第二密码子(44.3%)和第三密码子(38.6%)。在 603 个位点中,MEGA V6 软件共检测到 192 个多态位点,其中简约信息位点 184 个,单态核苷酸变异位点 8 个。这些多态位点共定义了 53 处核苷酸转换和 20 处颠换,转换/颠换比率为 2.68。

3. 各分类阶元的遗传距离分析

基于 K-2P 双参数模型,MEGA V6 软件计算鲷科鱼类 COI 条形码序列的种内、种间、属间的遗传距离分别为 0.000~0.017(均值 0.004)、0.020~0.222(均值 0.152)、0.088~0.202(均值 0.166)(表 17-3),遗传距离总体显示出随分类阶元的提高而增大的趋势。种间平均遗传距离是种内的 38 倍,远高于 10 倍的标准遗传距离。

表 17-3 基于 K-2P 双参数模型计算的 11 种鲷科鱼类 COI 基因序列的不同分类阶元的遗传距离值比较

不同分类阶元	最小值	平均值	最大值
种内遗传距离	0.000	0.004	0.017
种间遗传距离	0.020	0.152	0.222
属间遗传距离	0.088	0.166	0.202

4. 物种 DNA 条形码间隙计算

根据种间最小遗传距离与种内最大遗传距离差值即是物种 DNA 条形码间隙的计算原则,表 17-4 列出了由 MEGA V6 软件基于 K-2P 双参数模型计算的 11 种鲷科鱼类的条形码间隙。结果表明,每个物种 COI 条形码序列的种内遗传变异明显小于种间,种内和种间的遗传距离范围未相互包括。即形成了较为明显的物种 DNA 条形码间隙,其值为 0.013~0.152,这表明鲷科鱼类物种间 COI 基因序列分歧的最小阈值为 1.3%,该值即可作为鲷科鱼类物种鉴别的遗传分化临界值。

表 17-4 基于 K-2P 双参数模型计算的 11 种鲷科鱼类 COI 基因序列的种内遗传距离、种间遗传距离及条形码间隙

种类	种内遗传距离	种间遗传距离	条形码间隙值
澳洲棘鲷 A. australis	0	0.062~0.205(0.130)	0.062
太平洋棘鲷 A. pacificus	0	0.076~0.222(0.141)	0.076
琉球棘鲷 A. chinshira	—	0.020~0.207(0.132)	—
黄鳍棘鲷 A. latus	0.000~0.007(0.003)	0.020~0.208(0.133)	0.013
黑棘鲷 A. schlegelii	0.000~0.012(0.003)	0.062~0.209(0.134)	0.045
台湾棘鲷 A. taiwanensis	—	0.076~0.212(0.141)	—
黄牙鲷 D. hypselosomus	0.000~0.008(0.001)	0.143~0.222(0.186)	0.135
二长棘梨齿鲷 E. cardinalis	0.000~0.008(0.001)	0.081~0.199(0.165)	0.073
蓝点赤鲷 P. caeruleostictus	0.003	0.125~0.208(0.178)	0.122
金赤鲷 P. auratus	0.000~0.012(0.007)	0.081~0.212(0.169)	0.069
平鲷 R. sarba	0.000~0.002(0.001)	0.153~0.191(0.167)	0.152

5. 物种系统进化树的聚类关系

由 MEGA V6 软件运算,11 种鲷科鱼类 57 个 COI 条形码单倍型序列的 NJ 分子系统树(K-2P 双参数模型)聚类显示,每个物种的所有个体都以较高的支持率(93%~100%)聚为一个单系支(图 17-5),而且物种间的不同个体并未出现彼此交叉聚类,表现出明显的物种水平的聚类和识别力。

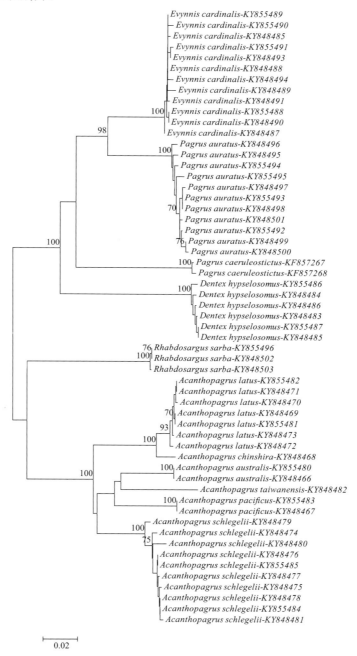

图 17-5　基于 K-2P 双参数模型的 11 种鲷科鱼类 57 个 COI 条形码单倍型序列的 NJ 分子系统树
(树分支上方的数字代表重抽样分析得到大于 70% 的支持率)

上述 COI 基因序列变异分析表明,鲷科 5 属 11 种鱼类的种间遗传距离远大于种内遗传距离,存在明显的条形码间隙和有效区分物种的遗传分歧阈值,各物种所有个体均聚为独立的单系支,COI 条形码对鲷科鱼类的物种鉴别成功率达到 100%,所构建的 DNA 条形码方法可作为鲷科鱼类分类鉴定和生物多样性研究的重要手段和技术支撑。

五、作业与思考

1. 依据上述实验及分析过程,描述 DNA 条形码应用于物种鉴别的流程。
2. 如何判断 DNA 提取和 PCR 扩增结果的可用性?
3. 比较种间遗传距离与种内遗传距离的意义何在?
4. 理解 DNA 条形码间隙的概念及应用潜力。
5. 构建分子系统进化树的遗传距离模型如何选择?
6. 试述 COI 条形码技术应用于鱼类物种鉴别的优点和不足之处。
7. 试述 DNA 条形码技术在鱼类生物多样性和区系特征研究中的应用前景。

实验 18

鱼类的标本制作

一、实验目的

通过实验掌握鱼类标本处理和不同标本制作方法,以及不同类型鱼类标本制作的注意事项。

二、实验材料

尖吻鲭鲨 *Isurus oxyrinchus*、麦氏真鲨 *Carcharhinus macloti*、宽尾斜齿鲨 *S. laticaudus*、金带细鲹 *S. leptolepis*、黄鳍棘鲷 *A. latus*、银鲳 *P. argenteus* 等鱼类的新鲜标本。

三、实验工具与试剂

1. 解剖盘,解剖剪刀、解剖刀,尖头镊子、圆头镊子,注射器。

2. 标本罐、玻璃板,尼龙细线,标签纸,发泡材料,毛笔、毛刷,脱脂棉、棉签,吸水纸,热熔胶、AB 胶。

3. NaOH、KOH、冰乙酸,阿利新蓝、茜素红,丙三醇,无水酒精,40% 甲醛溶液,3% H_2O_2 溶液,NaClO 饱和溶液。

四、实验方法和内容

(一)浸制标本

浸制标本制作是指通过防腐剂对鱼体进行定型、防腐和保存的处理过程。该方法一般经过样品选择、预处理、内部防腐、浸泡定型、长期保存等简单处理,用甲醛溶液和酒精溶液固定或保存即可。该方法操作简便、制作成本较低、应用范围广泛,可适用于体长 2 m 以内的大批量鱼类标本制作,但不适用于大型鱼类,而且制作后标本的体表颜色易降解。浸制标本制作步骤如下:

1. 标本选择:一般选择鱼体完整、鳍无损伤、鳞片无脱落、内部器官完好的新鲜标本。标本选定后应尽快处理。若需冷藏延后处理,冷藏时需保持躯体平直。

2. 标本处理:清洗标本的体表黏液和口腔内杂物,清洗时应动作轻柔,防止体表鳞片脱落或鳍条受损。若标本躯体弯曲,需手动矫正。

3. 内部防腐(图 18-1、图 18-2):较大的标本需要向体内注射防腐剂。先用注射器从鱼体肛门向消化道内注射 40% 甲醛溶液或 95% 酒精溶液,直至溶液外流。之后,从胸鳍基部插入腹腔注射防腐剂,直至腹部略膨胀、手感稍硬。若鱼体背部、尾部肌肉较厚实,需对这些部位注射防腐剂以利于全身防腐。

图 18-1　宽尾斜齿鲨 *S. laticaudus* 的肛门注射防腐剂(A)和腹腔注射防腐剂(B)

图 18-2　黄鳍棘鲷 *A. latus* 的肛门注射防腐剂(A)和腹腔注射防腐剂(B)

4.浸泡定型(图 18-3):将标本置于固定板上,用大头针插入各鳍以展开固定,将标本浸泡于 10% 甲醛溶液或 85% 酒精溶液中。体长小于 10 cm、体长 10~20 cm、体长 20~40 cm 的标本分别浸泡 1 d、2~3 d、3~5 d 予以定型;体长大于 40 cm 的标本根据其大小浸泡 7~30 d。长时间定型期间需定期更换试剂。

5.长期保存(图 18-4):标本定型完成后,将其置于装有 5% 甲醛溶液或 75% 酒精溶液的标本罐中,所加溶液以没过标本 5 cm 左右为宜。并贴上记录标本信息的标签纸。对于体型较小或狭长的标本需用尼龙细线固定于玻璃板或塑料硬板上。

图 18-3　宽尾斜齿鲨 *S. laticaudus*（A）、金带细鲹 *S. leptolepis*（B）、
黄鳍棘鲷 *A. latus*（C）、银鲳 *P. argenteus*（D）标本的浸泡定型

图 18-4　宽尾斜齿鲨 *S. laticaudus*（A）、金带细鲹 *S. leptolepis*（B）、
黄鳍棘鲷 *A. latus*（C）、银鲳 *P. argenteus*（D）浸制标本的保存

（二）剥制标本

剥制标本制作是通过去除体内肌肉和骨骼，剥离体表皮肤并加以处理后制作为标本的一种方法。该方法制作的标本真实还原度高、后续维护成本低，但制作过程涉及多个环节，制作周期长、制作成本也高，难度较大。因此，该方法通常用于珍稀海洋鱼类和大型鱼类，如鲨类、旗鱼等，不适用于大批量的标本制作。以尖吻鲭鲨 *I. oxyrinchus* 和麦氏真鲨 *C. macloti*（图 18-5）为例介绍剥制标本制作的流程：

图 18-5　尖吻鲭鲨 *I. oxyrinchus*（A）和麦氏真鲨 *C. macloti*（B）的剥制标本

1. 标本测量：先测量、记录标本的生物学基本特征和不同部位的厚度，然后将标本放置于白色画板上描出标本轮廓，最后再拍照以记录其体表色彩。

2. 假体制作：根据标本描绘轮廓和鱼体厚度，用发泡材料制作标本假体，将假体打磨修整至近似标本大小。

3. 剥皮：用解剖刀沿鱼体腹中线从腹鳍基部前开口至尾鳍基部，用解剖剪刀依次剪断胸鳍、腹鳍、臀鳍基底骨骼，而与皮肤紧密粘合的骨骼暂时保留。然后剥离鱼体左侧皮肤，剪断背鳍基底骨骼以及脊椎前后两端，再剥离鱼体右侧皮肤并取出鱼身。尽量去除皮肤内侧残余的肌肉、脂肪组织，清除头部的鳃、脑、眼等器官和肌肉组织。

4. 防腐：用棉签或毛笔蘸取 NaClO 饱和溶液均匀涂抹于皮肤的内侧进行脱脂，用吸水纸清洁内部。然后将皮肤浸泡于 10% 甲醛溶液中 1～2 d，浸泡后用水清洗待用。

5. 填充缝合：将剥制好的外皮套入假体，并对假体粗大侧进行打磨。若稍细小侧填充脱脂棉，将假体修整至贴合剥离的皮肤。根据标本外部形态，利用 AB 胶将各鳍固定于假体上，之后再用 AB 胶缝合腹中线开口。

6. 外形还原：根据标本原眼睛大小、虹膜形状和眼周围组织结构等准备义眼，在眼眶内填充脱脂棉，用 AB 胶固定义眼。之后，根据标本照片对标本外表进行上色，阴干一段时间后可喷上透明光漆，干燥后即形成剥制标本。

（三）骨骼标本

骨骼标本是指通过剔除和试剂腐蚀去除肌肉、内脏等组织，保留骨骼结构并再拼接成完整个体的标本制作。该方法制作简易、成本较低，但需要操作者对动物骨骼系统较为熟悉才可行。该方法多用于中小型动物，尤其适用于鱼类且无体型限制，常用于教学标本及研究材料的制作。以黄鳍棘鲷 *A. latus*（图 18-6）为例介绍骨骼标本的制作过程：

图 18-6　黄鳍棘鲷 A. latus 的骨骼标本

1. 加热：用纱布包裹鱼体放置于沸水中，根据鱼体大小调整加热时间，体型较小加热 1～2 min 左右，体型较大可延长加热时间或剔除部分肌肉后再次加热。

2. 剔肉：剔除加热后的鱼体的肌肉、内脏、眼、脑等组织，将围眶骨、肋骨等易掉落的骨骼先取下保存，之后再取各鳍骨骼。用毛刷将脊椎骨的肌肉剔除干净，头部肌肉需谨慎处理。

3. 腐蚀：用 2% NaOH 溶液腐蚀头部和脊椎，待其附着肌肉呈半透明时可用清水加以清洗。围眶骨、肋骨等骨骼置于 2% NaOH 溶液中浸泡 30 min 左右即可清洗，各鳍骨骼用 1% NaOH 溶液缓慢腐蚀以去除附着物，需保持各鳍完整。

4. 脱脂：骨骼清洗后放置于 75% 酒精中浸泡 2～3 d 脱脂，若标本骨骼较大可适当延长浸泡时间。

5. 漂白：骨骼脱脂清洗后放置于 3% H_2O_2 溶液中漂白。将围眶骨、肋骨等较细小的骨骼用透明塑料板固定浸泡 1～2 d，根据骨骼褪色程度相应调整浸泡的时间。

6. 整形：骨骼漂白清洗后晾干，先用细铅丝或铜丝经脊椎骨的椎管贯穿脊柱，调整好脊柱外形，用热熔胶或 AB 胶加以固定。然后，按肋骨排序接入固定，之后依次固定头骨、各鳍骨骼和围眶骨等，即可拼接成完整的骨骼标本。

（四）透明骨骼标本

透明骨骼标本制作是指通过试剂处理使标本的肌肉透明化，并利用染料使软骨和硬骨显色的一种方法。该方法比常规骨骼标本制作法更能直观地展现标本原生的骨骼系统。该方法也存在如制作周期较长、骨骼密集部位难以分辨等不足之处。目前，透明骨骼标本制作法已应用于中小体型动物，也适用一般的海洋鱼类（图 18-7）。其制作步骤包括：

图 18-7　透明骨骼标本(引自石功鹏阳,2018)

1. 预处理:去除标本体表皮肤、脑、眼以及腹腔的内脏器官,清洗口腔及腹腔内部。

2. 固定:将标本分别放置于 75％、95％ 酒精溶液中各浸泡 1 d。

3. 透明化:将固定的标本浸泡于 3％ NaOH 溶液中,直至可见标本的大部分骨骼且肌肉呈半透明状为止。

4. 骨骼染色:采用阿利新蓝和茜素红双重染色法对标本透明骨骼进行染色。即将透明骨骼分别置于软骨染色液和硬骨染色液中浸泡 1～2 d。其中,每升软骨染色液由 500 mL 无水乙醇、500 mL 冰乙酸、200 mg 阿利新蓝组成,每升硬骨染色液由 100 mL 95％酒精溶液、900 mL 1％ KOH 溶液、1 g 茜素红组成。

5. 肌肉脱色:将染色骨骼依次在 25％、50％、75％ 丙三醇溶液(添加 0.5％ KOH 溶液)中各自浸泡 2～3 d 脱色,直至肌肉呈透明状、骨骼显色清晰为止。最后将所获得的透明着色骨骼保存于 100％ 丙三醇中。

五、作业与思考

1. 依据上述实验方法,制作鱼类的浸制标本和骨骼标本各一份,并详细记录操作步骤、拍照及描述标本的制作结果。

2. 对鱼类标本制作过程中出现的问题和难点,提出相应的解决方法。

3. 查阅文献了解还有哪些方法可应用于海洋鱼类的标本制作,并比较其优点和不足。

参考文献

陈明茹,肖佳媚,刘敏,等.鱼类学实验[M].厦门：厦门大学出版社,2019

陈明茹,杨圣云.台湾海峡及其邻近海域鱼类图鉴[M].北京：中国科学技术出版社,2013

陈素芝.中国动物志·硬骨鱼纲：灯笼鱼目 鲸口鱼目 骨舌鱼目[M].北京：科学出版社,2002

陈咏霞,刘静,刘龙.中国鲷科鱼类骨骼系统比较及属种间分类地位探讨[J].水产学报,2014,38(9)：1360-1374

成庆泰,郑葆珊.中国鱼类系统检索[M].北京：科学出版社,1987

褚新洛,郑葆珊,戴定远,等.中国动物志·硬骨鱼纲：鲇形目[M].北京：科学出版社,1999

丁少雄,刘巧红,吴昊昊,等.石斑鱼生物学及人工繁育研究进展[J].中国水产科学,2018,25(4)：737-752

郭昶畅.中国沿海石首鱼科鱼类的鉴定、分类和分子系统发育研究[D].厦门：厦门大学,2017

黄镇宇,章群,卢丽锋,等.基于形态测量和DNA条形码的中国鲻科鱼类分类研究[J].海洋渔业,2018,40(1)：1-9

姜志强,吴立新.鱼类学实验[M].北京：中国农业出版社,2004

金鑫波.中国动物志·硬骨鱼纲：鲉形目[M].北京：科学出版社,2006

李明德.鱼类分类学[M].2版.北京：海洋出版社,2011

李思忠,王惠民.中国动物志·硬骨鱼纲：鲽形目[M].北京：科学出版社,1995

李思忠,张春光.中国动物志·硬骨鱼纲：银汉鱼目 鳕形目 颌针鱼目 蛇鳚目 鳕形目[M].北京：科学出版社,2011

刘东,黄新春,唐文乔.隆头鱼科分类学研究进展[J].海洋渔业,2019,41(1)：107-117

刘东,唐文乔.颈斑尖猪鱼：中国南海隆头鱼科新纪录种[J].动物学杂志,2017,52(5)：886-890

刘静,吴仁协,康斌,等.北部湾鱼类图鉴[M].北京：科学出版社,2016

刘静,等.中国动物志·硬骨鱼纲：鲈形目(四)[M].北京：科学出版社,2016

刘敏,陈骁,杨圣云.中国福建南部海洋鱼类图鉴：第1卷[M].北京：海洋出版社,2013

刘敏,陈骁,杨圣云.中国福建南部海洋鱼类图鉴：第2卷[M].北京：海洋出版社,2014

刘瑞玉.中国海洋生物名录[M].北京：科学出版社,2008

刘云,吴志强.中美鱼类学课程教学比较研究[J].高校生物学教学研究(电子版),2013,3(2)：62-64

马琳.鱼类学实验[M].青岛：中国海洋大学出版社,2009

马强,刘静.中国沿海常见蓝子鱼形态比较研究[J].海洋科学,2006(9)：16-22

孟庆闻,苏锦祥,李婉端.鱼类比较解剖学[M].北京：科学出版社,1987

孟庆闻,缪学祖,俞泰济,等.鱼类学[形态·分类][M].上海：上海科学技术出版社,1989

孟庆闻,李婉端,周碧云.鱼类学实验指导[M].北京：中国农业出版社,1995

木村清志.新鱼类解剖图鉴[M].高天翔,张秀梅,译.北京：中国农业出版社,2021

宁平.中国金线鱼科鱼类分类、系统发育及动物地理学研究[D].青岛：中国科学院海洋研究
　　所,2012

秦岩.褐斑鲬分类地位及其形态学、遗传学研究[D].青岛：中国海洋大学,2014

邵广昭.台湾鱼类资料库[DB].(网络电子版 http：//fishdb.sinica.edu.tw)(2023-03-15)

沈世杰.台湾鱼类志[M].台北：台湾大学动物学系,1993

沈世杰,吴高逸.台湾鱼类图鉴[M].台北：海洋生物博物馆,2011

水柏年,赵盛龙,韩志强,等.鱼类学[M].上海：同济大学出版社,2015

苏怀栋,陈圆圆,龙微鑫.多种鱼类骨骼标本制作[J].河北渔业,2012(7)：55-57

苏锦祥,李春生.中国动物志·硬骨鱼纲：鲀形目 海蛾鱼目 喉盘鱼目 鮟鱇目[M].北京：科
　　学出版社,2002

苏永全,王军,戴天元,等.台湾海峡常见鱼类图谱[M].厦门：厦门大学出版社,2011

王军,陈明茹,谢仰杰.鱼类学[M].厦门：厦门大学出版社,2008

王迎春,周勤,段晓英.八种海产硬骨鱼类消化系统的比较解剖研究[J].海洋湖沼通报,1997
　　(3)：46-51

王英俊,宋爱环,刘洪军,等.山东沿海习见鱼类耳石图鉴[M].青岛：中国海洋大学出版
　　社,2016

伍汉霖,钟俊生.中国动物志·硬骨鱼纲：鲈形目（五）虾虎鱼亚目[M].北京：科学出版
　　社,2008

伍汉霖,钟俊生.中国海洋及河口鱼类系统检索[M].北京：中国农业出版社,2021

颜云榕,刘静,卢伙胜.中国南海银鲈科鱼类：新记录[J].渔业科学进展,2009,30(5)：
　　119-121

颜云榕,易木荣,冯波.南海经济鱼类图鉴[M].北京：科学出版社,2021

杨凡.中国鲽形目鱼类的 DNA 分子条形码及褐牙鲆的遗传多样性研究[D].广州：暨南大
　　学,2010

杨凡,郭明兰,苏永全,等.红罗非鱼的骨骼系统[J].厦门大学学报(自然科学版),2007,46
　　(S1)：161-166

叶振江,朱柏军,薛莹.中国习见海洋鱼类耳石图谱：第 1 辑[M].青岛：中国海洋大学出版
　　社,2007

张春光.中国动物志·硬骨鱼纲：鳗鲡目 背棘鱼目[M].北京：科学出版社,2010

张世义.中国动物志·硬骨鱼纲：鲟形目 海鲢目 鲱形目 鼠鱚目[M].北京：科学出版
　　社,2001

赵盛龙,徐汉祥,钟俊生,等.浙江海洋鱼类志[M].杭州：浙江科学技术出版社,2016

中坊徹次.日本产鱼类检索[M].3 版.东京：东海大学出版社,2013

周琪，章群，唐楚林，等. 基于形态与 DNA 条形码的中国鲾科鱼类分类研究[J]. 海洋渔业，2019，41(1)：1-8

朱汉斌，李梦阳. 广州分院多幅作品获“发现科学之美”图片大赛奖(石功鹏阳作品《骨语》-2018)[N]. 中国科学报，2022 年 10 月 12 日，https://news.sciencenet.cn/htmlnews/2022/10/487620.shtm

朱元鼎，孟庆闻. 中国动物志・圆口纲 软骨鱼纲[M]. 北京：科学出版社，2001

左晓燕，唐文乔. 中国蝴蝶鱼科鱼类的分类整理[J]. 动物分类学报，2011，36(4)：1000-1005

Craig M. T.，de Mitcheson Y. J. S.，Heemstra P. C. Groupers of the world：a field and market guide[M]. Grahamstown：NISC(Pty) Ltd.，2011

Datta Munshi J. S.，Singh B. N. On the micro-circulatory system of the gills of certain freshwater teleostean fishes[J]. Journal of Zoology，1968，154(3)：365-376

Froese R.，Pauly D. FishBase[DB/OL]. World Wide Web electronic publication. https://www.fishbase.org(2023-03-11)

Fricke R.，Eschmeyer W. N.，van der Laan R. Eschmeyer's catalog of fishes：genera，species，references [DB/OL]. http：//researcharchive.calacademy.org/research/ichthyology/catalog/fishcatmain.asp(2023-03-12)

GBIF Secretariat. The Global Biodiversity Information Facility[DB/OL]. Denmark：DK-2100 Copenhagen Ø. https：//www.gbif.org(2023-03-12)

Helfman G. S.，Collette B. B.，Facey D. E.，et al. The diversity of fishes：biology，evolution and ecology [M]. 2nd ed. New Jersey：Wiley-Blackwell，2009

Kapoor B. G.，Khanna B. Ichthyology handbook[M]. Heidelberg：Springer Verlag，2004

Kimura S.，et al. New atlas of fish anatomy[M]. Tokyo：Midori Shobo Co.，Ltd.，2010

Last P. R.，Naylor G. J. P.，Manjaji-Matsumoto B. M. A revised classification of the family Dasyatidae (Chondrichthyes：Myliobatiformes) based on new morphological and molecular insights[J]. Zootaxa，2016，4139(3)：345-368

Last P. R.，White W. T.，de Carvalho M. R.，et al. Rays of the world[M]. Canberra：CSIRO Publishing，2016

Liu J.，Li C. S. A new species of the genus *Pampus* (Perciformes，Stromateidae) from China[J]. Acta Zootaxonomica Sinica，2013，38(4)：885-890

Moyle P. B.，Cech J. J. Jr. Fishes：an introduction to ichthyology[M]. 5th ed. London：Pearson，2003

Nelson J. S. Fishes of the world[M]. 4th ed. New Jersey：John Wiley & Sons，Inc.，2006

Nelson J. S.，Grande T. C.，Wilson M. V. H. Fishes of the world[M]. 5th ed. New Jersey：John Wiley & Sons，Inc.，2016

White W. T.，Last P. R.，Naylor G，J. P. *Scoliodon macrorhynchos* (Bleeker，1852)，a second species of spadenose shark from the Western Pacific (Carcharhiniformes：Carcharhinidae) [Z]. Descriptions of new sharks and rays from Borneo，2010：61-76

WoRMS Editorial Board. World register of marine species[DB/OL]. België：VLIZ. https://www.marinespecies.org(2023-03-10)

Wu R. X. ,Zhang H. R. ,Liu J. ,et al. DNA barcoding of the family Sparidae along the coast of China and revelation of potential cryptic diversity in the Indo-West Pacific oceans based on COI and 16S rRNA genes[J]. Journal of Oceanology and Limnology, 2018,36(5)：1753-1770

Ward R. D. ,Zemlak T. S. ,Innes B. H. ,et al. DNA barcoding Australia's fish species[J]. Philosophical Ttransactions of the Royal Society B：Biological Sciences,2005,360(1462)： 1847-1857